好想法　相信知識的力量

the power of knowledge

寶鼎出版

好想法　相信知識的力量

the power of knowledge

寶鼎出版

上班何須太委屈

転職2.0
日本人のキャリアの新・ルール

轉職身價再晉級

村上臣／著

李友君／譯

LinkedIn日本負責人教你找出
職能優勢標籤，成就理想的工作與人生

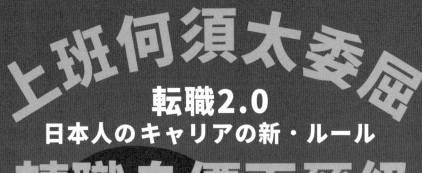

前言

職涯常識早已一百八十度大轉變

「現在的工作做得很有意義，卻和上司脾氣不合……」

「對公司的政策有疑慮，但若轉職之後下一家公司是黑心企業該怎麼辦……」

「雖然公司薪水不錯，將來也有保障，但是能自己拿主意的空間不大，做起來沒意思……」

「這樣的公司我再也受不了了。不過，要是自己的做事方式不適合下一家公司該怎麼辦……」

工作意義、年收入、人際關係、工作和生活的平衡、公司的前景、工作環境……

有得就有失，轉職就是一種「取捨」。所以，即使對公司有什麼「不滿」，也要忍氣吞聲，這就是工作……

我看過很多這樣告訴自己的人，每天消磨心志、悶悶不樂地工作。

然而，隨著新的大趨勢出現，日本人周遭的環境產生劇烈改變。新時代當中，只要知道「正確的轉職價值觀」和「正確的轉職方法」，不管以前的經歷為何，人人都可以獲得「理想的職涯」，無須忍氣吞聲。

本書將會簡單說明我想傳達的訊息。

忍氣吞聲工作的時代已經結束

「轉職就是取捨」、「即使有什麼不滿也要忍氣吞聲，這就是工作」，我想要革除這些迷思，建立人人都能適性工作的社會。懷著這樣的願望，天天以 LinkedIn 日本分公司負責人的身分散播資訊。

以前許多人找我諮詢職涯，媒體、演講和其他邀約也頻頻上門，要我談論關於職涯的話題。

獲聘為儲備幹部，透過轉調或異動等方式體驗多種工作——就如各位所知，類似這樣以終身僱用為前提的日式僱用制逐漸面臨崩解，工作型僱用方式（特別指明業務職、會計職或其他職務再錄用的方法）則慢慢增加。

換句話說，日本也逐漸往歐美僱用制靠攏。

其中，LinkedIn 身處美商人才媒合的最尖端，而我的任務則是以日本分公司的負責人身分，將「最新潮的職涯與工作型態資訊」傳播到日本，讓日本商務人士能在即將到來的動盪僱用環境下求生。

言歸正傳。之前我告訴各位「新時代人人都能獲得理想的職涯」，主要原因在於前面提到的終身僱用制的崩解。

以前的日本，公司理所當然要保障員工一輩子。因此公司的地位比個人強烈，個人要為了公司竭盡全力。就連累積什麼資歷的「個人職涯規畫」也是由公司掌握，無法由自己決定職涯，因此即使對公司有什麼不滿，也不得不忍氣吞聲地工作。

然而，如今是後終身僱用時代，公司不會保障你一輩子。再加上勞動人口減少，使得個人與公司的地位逆轉。以前由公司掌握的職涯決策權回到個人手上，能夠自己選擇職涯和工作型態。

升級轉職作業系統，獲得「理想的工作」

為了要在能夠自己選擇職涯的時代，實際獲得理想的職涯，就必須從根本替換掉職涯觀念的作業系統，從「轉職1.0」升級成「轉職2.0」。揭示這種新的轉職典範，就是本書的目的。

那轉職2.0是什麼？我將詳情挪到第一章解釋，在此只會談到轉職2.0的主軸，以及這和以往轉職1.0的「目標」有什麼不同。

轉職1.0是以「轉職一次就飛黃騰達」本身為目標。的確，日本大多數公司採用終身僱用制，就算轉職也頂多只有一次。這樣的時代當中，轉職一次就飛黃騰達深具價值。

但在將來的時代，個人的勞動壽命會變得比公司的壽命還要長，一個人的職業生涯理所當然會經歷多次轉職，於是轉職的目標就不在於轉職本身了。飛黃騰達的目的是「讓自己股份公司的市場總值最大化」，並應該將轉職重新視為一種手段，這就是轉職2.0的主軸。

就這層意義上來說，轉職1.0是短期目標、權宜之計；轉職2.0則是策略性的，屬於逆推形式。當然，只要目標改變，「行動」、「觀念」、「價值標準」及「人際關係」也會改變。

另外，為保險起見補充一下，「自己股份公司的市場總值」指

轉職 2.0 是什麼？
未來轉職所需要的思考和行動方式

	轉職 1.0	轉職 2.0
目標	轉職一次就飛黃騰達 （轉職＝目標）	讓自己的市場價值最大化 （轉職＝手段）
行動	蒐集資訊	自貼標籤和宣傳
觀念	技能導向	職務導向
價值標準	看公司選工作	看綜效選工作
人際關係	建立人脈 （偏狹而深入）	建立人際網路 （廣大而距離合適）

的是「自己的市場價值」。在人人有權利為自己職涯做決定的時代，要把自己當成公司並妥善經營。我常常以此比喻，表達這種觀念的重要性。

另外還要再補充一下，讓自己的市場價值最大化，意味著無論經濟景氣如何，都不會影響市場對你的評價，因此能持續在職場中生存下去。

轉職有方法

「但是我沒有任何強項和成就……」

前幾天，有位女士來諮詢職涯問題。我向她談到未來轉職應有的方向之後，對方就這樣回答。實際上，與她有同樣煩惱而無法踏出轉職第一步的人想必很多吧？

不過請各位放心。我敢斷言，**你並不是沒有強項和成就，只是自己不懂得該怎麼釐清**而已。轉職2.0最大的特點莫過於套用「方法」。而且，其中許多訣竅任誰都能馬上做到，但有百分之九十九的日本人沒做過。換句話說，只要各位讀者做了，就可以與周圍拉開差距。

為了讓各位具體想像，這裡要介紹一個轉職框架。回到前面那位女士的例子，我給她的建議為以下兩點：

① 將自己到目前為止的職涯拆解成「職務」、「技能」、「行業」、「經驗」及「職能」。

② 拆解的同時要分別將各項加乘，從加乘當中瞭解自己的稀有性。

四個月後，她的表情明顯變得開朗。對方說藉由瞭解自己的稀有價值，她終於轉職成功。原本就聰明的她，對於現在的公司沒有任何不滿，工作時更能發揮能力，大展長才。

當時告訴她的是「自貼標籤」的方法，這本書會介紹許多新時代的轉職框架，讓人提升自己股份公司的市值。

那就快點進入正題吧。

首先第一章會提出「目標」、「行動」、「觀念」、「價值標準」及「人際關係」這五個關鍵概念，同時更加詳細地解說轉職 2.0 與轉職 1.0 有什麼不同。

這是個不改變比較危險的時代。假如本書的內容能為你的人生加分，哪怕只有一點點，我都會非常高興。

二〇二一年四月

LinkedIn 日本分公司負責人　村上臣

※本書內容為個人見解和意見，不代表所屬公司的官方立場。

第1章　獲得理想工作的「轉職2.0」是什麼？

第2章 認識自己——從「蒐集資訊」轉換成「自貼標籤和宣傳」①

第3章 提升自己——從「蒐集資訊」轉換成「自貼標籤和宣傳」②

第4章

洞悉業界

——從「技能導向」轉換成「職務導向」

第5章 洞悉公司——選工作要看「綜效」而非「公司」

第6章 建立廣大而距離合適的連結——從「建立人脈」轉換成「建立人際網絡」

第7章 思考轉職問題就是思考人生

第 1 章

獲得理想工作的「轉職 2.0」是什麼？

人人都不必「忍氣吞聲工作」的時代

欺騙自己，消磨心志的勞工

「好不容易換工作進了優良企業，但總覺得每天都不滿足。有時會懷疑這樣真的好嗎？」

最近有個年輕人向我吐露這樣的煩惱。

他目前在一間小有名氣的公司從事業務工作。畢業求職時，他以眾所周知的東京證券交易所市場一部的大型上市企業為目標，應徵各大公司，卻不幸都沒能錄取。後來總算獲得聘用，進了一間中小企業上班，三年來孜孜不倦地在業務部累積經驗。

然後他做足準備，展開轉職行動，成功進入了知名公司。

剛進公司時他喜出望外，意氣風發地開始工作。但在一段時間之後，心中逐漸萌生一絲彆扭感，隨著時間日益膨脹。現在雖然沒有睡眠不足，卻常常目光呆滯。

他還這樣說：

「最近我對公司的政策感到疑惑……這和進公司前我想像的願景不同。老實說，這份工作感覺意義不大。不過，靠轉職提高薪資就夠好的了。反正是知名企業，職場環境也不錯，樣樣都想貪圖才是錯誤的吧？」

就我看來，與其說他是在向我吐露煩惱，不如說是在尋求我的同感好讓自己接受現況。

「既然已經轉職到想去的公司，就不要太貪心了。算了，你就在目前的環境中再努力三年，之後再想就行了。」

假如提出這樣的建言，或許他會坦然接受，乖乖回到原本的日常生活中。然而，這種建言和我的想法相去甚遠，也不是真的為他著想。

所以，我就大膽地給了他意想不到的答案：

「不，真的想做的事情還是去做比較好。首先，最好是釐清自己追求的理想樣貌，然後衡量工作意義、年收入、公司的前景或環境，等萬事俱備後再進行下一次轉職。這樣一定就可以實現。」

他露出了驚詫的表情。但他就只是不知道，任誰都無須忍氣吞聲工作的時代已經到來。完全不必忍氣吞聲，你就可以獲得理想的職涯。我希望許多人能夠明白這個道理。

職涯決策權早已回到你手上

很久以前，日本公司實行終身僱用制的時代，認為「只要進了好公司就一生安泰，公司會保障你一輩子」的人占了多數。

只要你以應屆畢業生的身分進入公司，公司會為你提供豐富的培訓課程，決定你的職務異動，就連你的「個人職涯規畫」都取決於公司。

公司的地位比個人強烈，個人沒有職涯決策權，哪怕覺得「討厭這家公司，無法達到工作和生活的平衡……」、「在討厭的上司底下工作很難受……」、「薪水也未免太低了……」，但除了接受之外，你也無計可施。

然而時至今日，狀況正在大幅地變化中。

現在著名的企業龍頭親口宣稱「終身僱用制早就無以為繼」，

大多數職場工作者都察覺到「公司不會照顧自己一輩子」。現在想想，「公司的地位比個人強烈」的「特殊架構」早已不復存在。

另外，現在許多企業已將員工培訓的時間改為短期，就連大企業也失去對員工悉心教育的餘力。

這麼一來，以後職涯規畫的決策權就不在公司手上，而是轉移給個人。個人對自己的職涯負有責任，能夠自行設定「想要怎麼工作」的目標，並親手實現理想。

首先，從事真正有趣又有意義的工作，和被迫忍氣吞聲地工作，這兩者之間能夠發揮的表現就有很大的差異。即使員工忍氣吞聲地工作，也無法發揮十足的表現。

本來應該能夠發揮原有表現的人，要是因為勉強遷就導致產能降低，對公司也不利。

察覺到這一點的公司為了提高產能，也開始將重視的方向轉移到員工個人的工作順心度上。熱烈推動工作型態改革、促進女性活躍發展及多元化措施，也是出於這樣的意圖。

換句話說，「即使對公司有什麼不滿也必須忍氣吞聲上班」，是日本過去思維的迷思，未來的趨勢是能夠靠自己找到不必忍氣吞聲的工作。

升級轉職作業系統

我在 Yahoo 工作時，當時的上司、代表董事兼總經理宮坂學先生（現為東京都副知事）就頻頻告訴員工記得抱持「老子股份公司」的觀念。

「老子股份公司」指的是成為自己的經營者，讓自己心目中的幸福達到最大化。宮坂先生表示，他「自己」這家公司握有「公司事業部」、「家庭事業部」及「戶外事業部」這三個業務支柱，「老子股份公司」的市價總值則以幸福的總額表示。

工作雖然重要，但光是這樣還無法變得幸福。要記得在家人、朋友和其他利害關係人的存在中取得平衡，同時獲得完整的幸福。

這項觀念很有趣，讓我當時深受感動，記憶猶新。

我本身也效法宮坂先生的觀念，人生一路走來不忘留意「自己股份公司」這件事。轉職的時候也好，從事感興趣的活動也好，都會自然而然地將自己股份公司的市價總值放在心上。

如今時光流逝，以「老子股份公司」的觀點工作的想法早已變得理所當然。

就如前面所言，個人的工作型態正慢慢變成由自我主宰。從依循公司命令的被動工作型態，過渡到主動思考「自己該怎麼做才能幸福」的工作型態。

個人需要意識到，現在該用盡全力提高自己的市場價值，積極活用「轉職」作為提高市場價值的手段。

轉職不是「目標」，而是一種手段。

說到「自我主宰」，有些人會覺得是自我中心，不管轉職是否會給別人添麻煩。遺憾的是，日本的風氣仍舊把自我主宰的轉職，與所謂的跳槽大王混為一談。

不過，本書提出的轉職是為了兼顧自己的幸福、公司的幸福及社會的幸福。擺脫「有公司才有個人」的價值觀，升級成替公司和個人著想的轉職。這麼一來，工作就會開心許多，也將實際感受到幸福的滋味。

本書會將升級後的轉職價值觀定位為「轉職2.0」，與以往的「轉職1.0」對比。

在接下來的頁數中，將會以五個關鍵概念為基礎，介紹「轉職2.0」的相關概念，同時還會告訴各位轉職2.0的兩個特點。

關鍵概念①目標

轉職要當成提升自己市場價值的「手段」

轉職1.0▼目標放在「轉職一次就飛黃騰達」

轉職2.0▼將轉職當成「讓自己的市場價值最大化的手段」

「轉職」對於提升市場價值的影響最大

工作建立在需求和供給的關係上，為了獲得理想的職涯，就需要瞭解市場，謀求自己市場價值的最大化。

對自己的市場價值最大化有龐大影響力的就是「轉職」。轉職有時也是提升自己市場價值的手段之一。

在「以公司為重」的年代，人們換工作的時候最關心的是「能否轉職到一家好的公司」。重點是轉職一次就飛黃騰達，為了過著幸福的人生而將轉職當作目的。

然而，現在是人生百年的時代，人類的勞動壽命正在逐步延長。以往公司職員從就業後約四十年就要面臨退休，但在未來，四十年或許會成為轉折點。也有人指出，從二十歲開始工作，職涯中途到研究所重新學習，同時持續工作將近八十年，這樣的世界有可能變得理所當然。

從公司的平均壽命也可以預料得到，勞動生涯當中轉職兩次、三次、四次……將會變得天經地義。

在轉職頂多只有一次的時代，藉由這一次轉職一鼓作氣提升年收入也很有意義。總而言之，就是「反正不管怎樣都好，進去的人就是贏家」、「進公司之後總會有辦法」的思維。

尤其是日本的公司，多半只需面試二到三次就決定錄用，哪怕稍微虛張聲勢，也可以通過面試後進入公司。

然而，如今被眼前的年收入吸引，企圖藉由一次轉職獲得豐盛成果卻付出慘痛代價的人接連不斷。其中又以中年人居多。

「年收入增加為一．五倍。」

「保證年收入〇〇萬日圓以上。」

被這樣優渥的條件吸引，沒有充分瞭解具體的工作內容就貿然進入公司，結果往往遇到不適合的工作，或是職場的氣氛糟糕透頂，做不到一年就不得不重新再找工作。

這對錄用的公司和進入公司的個人來說都是不幸的，只有牽線的轉職仲介公司有利可圖。

何況現在是社群網路的時代，進公司時撒的謊不但會透過社群網站或其他網路聯繫管道迅速曝光，而且假如被人發現之前是撒了謊才轉職，要翻轉形象就會難上加難。說不定對第二次以後的轉職是扣分。

關鍵畢竟還是在於觀念。與其把轉職一次當成目標，不如每次轉職都確實拿出成果，讓職涯升級。再重申一次，轉職充其量只是提升自己市場價值的手段之一。

記得釐清「想在某段時間內達成的目標」

假如今後以專案為本的工作型態變得普及，就容易被問到在每個專案中能夠拿出什麼樣的成果。想必會按照拿出的成效大小決定薪水。

當然，不換工作，直接在同一家公司拿出成果以獲得升遷也是一個方法。但是，不斷轉職的工作型態也會變得普遍。

你不再會因為換工作太頻繁而被賦予負面意義。

關鍵在於衡量自己能在社會上拿出什麼樣的貢獻。尤其是當能否在一定時間達成什麼目標成為問題之後，個人更需要常常釐清「想在一定時間內達成的目標」。

同時，接受轉職者的公司也必須改變認知。並不是單純「因為忙碌、人力不足而錄取」，而是需要明確提出「希望你用這些錢在有限的期間內做這樣的工作」，錄用能夠執行的人，並在約定的時間內提供支援。

假如個人和企業的心態改變了，也許就會出現能在短短半年或一年之內拿出成果，接二連三不斷轉職的人。要是這樣的人能夠受到公司賞識的風潮持續下去，每當轉職之後名聲就會上揚，待遇也有可能會變好。轉職成為自己市場價值最大化的一種手段，說的正是這種情況。

關鍵概念②目標

藉由「自貼標籤」提升自己的稀有價值

轉職1.0▼「蒐集資訊」

轉職2.0▼「自貼標籤和宣傳」

蒐集再多資訊也不會提升你的價值

「轉職1.0」重視的轉職行動是蒐集資訊。

這裡所謂的資訊，指的是從轉職網站或轉職仲介公司獲得的資訊。的確，現今思考轉職問題的人能夠獲得的資訊，與十年前相比明顯增加許多。

例如轉職網站會刊登每家公司現任員工或前員工的親口見證，能夠看到公司風氣、工作意義、福利待遇、考績制度或其他相關評論。

我不認為查看這種資訊沒有意義，某種程度上也有許多地方值得參考。不過，從轉職網站或轉職仲介公司獲得的資訊，充其量只是間接資訊。不可否認，從正確性或品質的層面來看，這比從目前在那間公司工作的人獲得的第一手資訊還要遜色。

其實應該說，間接資訊本來就帶有某些偏頗。

即使是前員工的親口見證，但是當事人為什麼離職也會大幅影響曾任職公司的評價。圓滿離職的人或許會評價過高，不得已離職的人或許會評價過低。

另外，曾在十多年前任職的人所做的親口見證，考量到時代的變化，幾乎沒有參考價值。

就算前員工的確以「公司風氣與自己不合」為由離職，這家公司的風氣也有可能與其他人契合。

對於喜歡確實做完上頭交付的工作的人來說，以專案為本的工作只會帶來痛苦。反觀以專案為本，覺得拿出龐大成果很有成就感的人來說，前者的工作型態就是枯燥乏味。

工作型態的價值觀因人而異。

總之，轉職時拚命蒐集資訊的轉職方法，就算在二十幾歲前半段有幸讓你的職涯升級，也很難提高自己的市場價值。因此，單憑資訊蒐集能力的轉職方法，將會隨著年齡增長日益失效。

就結果而言，假如一有空就查看轉職網站，最後很有可能要忍氣吞聲，持續在目前的公司工作。

提升市場價值＝自貼標籤

轉職行動方面，「轉職1.0」重視的是獲得間接資訊，「轉職2.0」重視的則是「自貼標籤」和「宣傳」。因為「標籤」是提升市場價值的主軸。

標籤（tag）這個單字的意思是「吊牌」、「便箋」，指的是網路世界中替資訊分類的單字或簡短片語。相信各位讀者也是在「替Instagram的貼文附加主題標籤（hashtag）」的文辭脈絡下，將這個詞彙用在日常生活。

「自貼標籤」一言以蔽之，就是替工作的個人附加標籤。附加令人上鉤的關鍵字，好讓大家聯想起個人。

強化經營團隊的顧問、獵頭公司的岡島悅子女士，從以前就提到「搜尋標籤（強項）」在職涯發展領域上的重要性，現在標籤這個詞已經成為日常用語。

藉由替Twitter或Instagram的貼文附加標籤，就可以橫向搜尋某個類別的資訊。同樣地，個人自貼標籤之後，就可以讓自己以外的人輕鬆認識自己。

為求淺顯易懂，以下將根據具體的範例加以解說。

A先生，男性，三十一歲，畢業於東京都內偏差值中等的私立大學。求職一年之後，於二十三歲進入派遣工程師的中小型人力派遣公司，因而有了企業業務的經驗。

他的業務對象以中小企業爲主。工作四年之後，就於二十七歲轉職到現在的中小型汽車零件製造廠。如今任職第四年，隸屬於企業業務部。業務對象同樣是中小型汽車零件製造廠，業務成績在部門內位居中間。

標籤大致可以概括為「職務」、「技能」、「行業」、「經驗」及「職能」。

A先生的情況是擁有「企業業務」這個職務相關的標籤，這可以說是非常淺顯易懂而強力的標籤。

從業務技能來看，只要他擅長電話邀約或內部銷售，「電話邀約技能」或「內部銷售技能」的標籤也會成立，而以行業的標籤來說則是「汽車業界」。

從「經驗」來看，「中小企業交易」會成為標籤，假如還有「一年讓團隊營業額成長三倍」之類的實務績效，也就會變成與經驗相關的標籤。若以業務的例子來說，工作上與特殊客戶交易的經驗將會變成強力的標籤。其中的典型例子就是MR（Medical Representative，醫藥行銷師）的經驗，這似乎稱得上是寶貴的標籤。

然後是最後的職能。職能是高績效者共通及外顯的行動特性。溝通能力、誠實、主動性、團隊合作等標籤就屬於這一類。

A先生的職能相關標籤是「成就導向」、「獵人型性格」、「善於瞭解客戶」及「駐外經歷」。

市場價值要以標籤的加乘衡量。A先生的情況是「企業業務×內部銷售×汽車業界×中小企業交易×一年讓團隊營業額成長三倍×成就導向×駐外經歷」。

許多人也有以上各個標籤，單獨運用不會產生市場價值。但若在衡量時分別加乘，就會一口氣提高這種人才的稀有性，變成所謂的市場價值。

想再進一步提高市場價值時，則要衡量該加乘什麼樣的標籤才能提高稀有性，再轉職到可以獲得該標籤的工作。

說到這裡，相信也有人會覺得不安，「我能找到自己的標籤嗎……」

但請各位放心。本書最後刊登歸納標籤範例的標籤分類表（三〇〇頁附錄）。各位讀者不妨一面使用這張表，一面實際釐清自己的標籤。另外，第二章以後還會詳細解說人人都能用的框架，分析接下來該與什麼標籤加乘，提高市場價值。

藉由宣傳標籤獲得企業的聘書，還能預防工作不速配

單憑釐清標籤，也會替職涯產生龐大的效果，不過藉由進一步宣傳，則可以受惠更多。

現在以轉職的方法來說，由公司透過社群網站直接洽詢自願轉職者的「直接網羅」，或是「內部推薦」（透過員工推薦和介紹）

的比例，在日本也正慢慢增加當中。

只要宣傳自己的標籤，讓社會認識自己，即使不特地登錄到轉職仲介公司上，也很有可能藉由直接網羅或內部推薦的管道錄取。

雖然與實際遇到的人交換名片，讓對方認識自己也很有效，但很沒效率，因為必須和每個人確實面對面來加深關係。

難得現在這個時代有社群網站這項工具，當然要積極宣傳。

藉由社群網站宣傳也已經可以說是在網路上「整理儀容」。透過自己的動態時報，向眾人展示自己是穿襯衫、打領帶，還是套著T恤，就是這種感覺吧？

另外，即使沒有藉由直接網羅或內部推薦的管道轉職，宣傳標籤也能有效預防個人和轉職去處不速配。

個人實際轉職時，資方一定會先透過社群網站，試圖獲得應徵者的資訊。假如完全沒有資訊，就無法傳達出當事人是什麼樣的人。

追蹤者多寡倒是其次，關鍵在於能否宣傳與標籤有關且前後一致的資訊。只要工作型態和職涯方面的宣傳保持一致，公司也會瞭解那個人的為人。

「這個人積極過頭，和我們公司合不來。」

「這個人似乎適合我們公司的文化。」

這樣就可以輕鬆判斷了。

轉職最大的關鍵就是個人和公司是否適合。某家企業通知不適用的人，進入別家企業就大展長才的例子也不罕見。這正是「此處不留人，自有留人處」。

想要實現精準度高的轉職媒合，個人最好事先盡量宣傳自己的資訊。

宣傳標籤連在轉職之外都能產生良好的效果

依照標籤宣傳，就和宣傳時加上能夠搜尋到的關鍵字一樣。只要自己在宣傳的同時像這樣留意到 SEO（Search Engine Optimization，搜尋引擎最佳化），也就能輕鬆蒐集有利於轉職的資訊。蒐集的資訊並非前面談到的間接資訊，而是直接的第一手資訊。

比如自己發出「想要瞭解○○業界相關資訊」的訊息後，大家就會知道「有人想要瞭解○○業界的相關資訊」，資訊就會從社群網站的聯繫管道匯集過來。

接著就會發展到職涯諮詢，甚至適合的公司還可能會找到自己。

實際上，招聘人員透過 LinkedIn 尋找人才時，所做的事情正是搜尋「標籤」。

比如藉由「僑居日本」、「企業業務」、「領導技能」及「語言能力」等標籤不斷縮小範圍後，徵選的人才就會浮現出來。招聘人員平時會輪流物色浮現出來的徵選者，再結合面試判斷是否錄用。

換句話說，自己宣傳的標籤與徵才市場要求的標籤吻不吻合，將會決定你的伯樂是否會出現。

基本上，散播優質資訊的人將會招來好名聲。

即使資訊類別冷門，市場不大，只要建立「那個人熟悉那個領域」和「專家」的聲望，就會變成自己的東西。

說不定副業的商機或邀你參加業務委託形式的專案會上門。讓大家第一個聯想到的人，不管是以什麼形式，理應會有人來洽詢。

關鍵概念③觀念

從目標職務逆推職涯

轉職1.0▼「技能導向」
轉職2.0▼「職務導向」

長期技能導向會讓你在一家公司停滯不前

社會上思考轉職問題的人中，有些人會沒頭沒腦地學習技能，追求職涯升級。他們總是單憑幹勁為動力，不管三七二十一先上個英文會話班、去空中大學或研究所進修。

當然，學會英文或得到MBA學位深具價值。然而，沒有目標的行動才是問題。舉個淺顯易懂的極端例子，假如想在日本封閉的行業和業界中追求職涯升級，就算懂英文也不會有多大的優勢。

就算沒頭沒腦一個勁地學習技能，到頭來自己的市場價值也很可能不會提升，無法達到理想的轉職。

究竟為什麼在轉職的時候，許多人會執著於技能導向呢？原因在於他們不明白該在公司做什麼樣的工作。

簡單來說，儲備幹部就是「不管什麼工作，上頭交代的就要做」。因此所謂的「能力」就是課題執行能力、職務執行能力，實務狀況則含糊不清。

一旦工作的內容含糊不清，也就難以判斷成果。所以很多公司會配合年次或資歷的長短決定晉升或加薪。

「你進公司也差不多第○年了，還是當個課長比較好。」

「你管理五個部屬到第三年了，正好適合更上一層樓。」

類似這樣，公司處理人事異動的態度是「只要沒發生大問題，職涯基本上就能往上升」，所以幾乎沒有邏輯依據。單憑別人說「在這個崗位做幾年就會學到技能」，往往無法具體呈現「做這份工作所需要的技能是什麼」的內容。

高度成長期的日本，終身僱用的契約會確實履行，即使是技能導向，職涯也可以順利升級。

從一九九〇年代尾聲到二〇〇〇年代初葉的就業冰河期，讓時代的風向大幅改變。當時，上市企業因為不景氣而倒閉成為大新聞，顯然公司無法繼續維持日式僱用制。

從那之後過了將近二十年，雖然這段期間終身僱用的幻想也勉強維持了下來，但由於世界金融危機（二〇〇七～二〇一〇年）和二〇二〇年的新冠肺炎衝擊，導致公司的力量愈發耗損，終身僱用的契約變得難以實現。

現在，以日立製作所和部分的大企業為中心，將制度往工作型僱用方式轉移，這正是擺脫技能導向的象徵事件。

將來若不釐清目標職務就無法生存

轉職2.0的時代，取代「技能導向」的觀念是「職務導向」。職務導向指的是釐清目標職務，也就是職責。

比如像工程師，PM（產品經理）或首席工程師就是目標職務。

只不過，職務不等於職稱。

以業務職來說，適合大企業的業務負責人和適合中小企業的業務負責人職務不同，新事業和既有事業的職務也不同。由於職務需要的技能不同，所以外商公司會依照職務聘用，日本採行相同做法的公司也在增加當中。

總而言之，徵人啟事或工作說明書（job description，明確記載工作內容的文件）記載的工作內容就是一種職務。

許多外商公司通常將職涯路徑大致分為兩種，那就是經理路線和專業職路線（IC，Individual Contributor，個人貢獻者）。

經理負責管理團隊並取得成果的職責，專業職則要負責在團隊內發揮自己的能力，貢獻所長。路線不同，所需的學問也不同，到了三十歲左右，大家就會意識到要認真追求的職務。

日本傾向於將派任管理職當作提升待遇的手段，追求職務的認知還很淺薄。

不過照理說，以工作型僱用方式為中心的後終身僱用時代，認知到職務再做職涯規畫的人必然會增加。

要知道提升市場價值的方法

關鍵在於自己向目標職務靠攏的觀點。首先是想像要追求的階段或職務。然後回顧現在的自己，瞭解落差。再依序衡量為了填補落差，你需要學習什麼。

只要看了現狀和目標職務的落差，就可以輕鬆採取下一個行動。

技能導向與職務導向

技能導向	職務導向
‖	‖
沒有目標，沒頭沒腦地去上英文會話班、空中大學或研究所。	以追求的職務為優先，獲得目標技能或轉職到目標公司。
↓	↓
唯有將終身僱用制和年資掛帥視為天經地義的上個時代，這種思考方式才會有效。	後終身僱用制時代以工作型僱用方式為中心，這種思考方式是職涯規畫的必備觀念。

假如需要英文填補落差，就該積極學習英文。或是假如從落差衡量起，說不定你會發現建立關係比學習還優先。

建立關係還有個方法，就是參加異業交流會、各種學習會或研討會。

談到這裡，疑惑「職務還有其他什麼種類」的人也不用擔心。書中最後的標籤分類表有歸納範例（三〇〇頁附錄）。關於各位讀者如何根據書中內容，找出能夠落實的職務，第四章將會深入探討，敬請放心。

不管怎樣，行事愈循權宜之計的人，就愈容易在沒有任何根據時，還迷信「照理說做了這些行動，一定會有回報」。

這也要歸咎於日本教育傳授「努力必有回報」的價值觀。不過，原本「正確的努力必有回報」才是正確答案。我們要知道，假如努力的方法錯了，事情就會徒勞而終。

關鍵概念④價值標準

選工作要以「綜效」(synergy) 為標準

轉職1.0▼看「公司」選工作
轉職2.0▼看「綜效」選工作

看公司選工作的下場

「轉職1.0」的時代，看公司選擇工作的想法是主流，轉職時通常也會傾向於看公司來選。

簡單來說，看公司選工作就是「進入就業熱門排行榜名列前茅的企業」、「進入父母知道的知名企業」。這種觀念認為公司的品牌優先於工作的內容。

就業時看公司選工作的人，「在知名公司上班」本身就是強烈的激勵，也會成為自己存在的理由。所以就算工作不有趣、與自己不合，除非有特別的理由，否則他們難以選擇轉職這個選項。

假如要轉職，就只能進入與現在同等級或更好的知名企業，轉職去處也非常有限。

「為了職涯升級，要轉職到比現在更知名的公司。」這樣想的人也很危險。認為知名公司有價值時，就等於放棄自己的價值標準，交給別人來判斷。

假如以「是否知名」這種別人的標準選公司，遇到波折時就會試圖尋找另一個人的標準，受到「父母或家人會不會接受」、「朋友或情人會不會稱許」的標準擺布，持續忍氣吞聲地做不想做的工作。

看公司選工作的人最糟的下場就是公司破產或被併購。

雖然不能連具體的企業名稱都寫出來，但是回顧這十年來，日本就業熱門排行榜名列前茅的大企業案例也是記憶猶新。只要想想單憑公司名稱就希望進入這些企業的人，就可以輕易明白了。

父母輩之中進入一流企業，單憑知名企業員工這項事實賴以為生的人是怎麼樣的呢？他們大多被併入外商公司的旗下，讓出大部分的事業，或是在完全不同的文化下驚慌失措，手忙腳亂吧？

今後併購將會盛行，日本國內企業的合併也可能會加速。不以自己的標準工作的人，也極有可能常常懷著不安做事。

我周圍也有許多人剛畢業就在知名企業上班，幾年後卻離職。還看過有個例子是轉職到知名的新創企業，卻沒能發揮全力，受不了新創企業特殊的工作型態，只好再度轉職。

即使看公司選擇知名企業轉職，但若與那個企業不速配，自己的市場價值也終究不會提高，職涯就沒有指望再升級了。

綜效會提升你的能力，將市場價值最大化

取代「看公司選工作」的概念是「看綜效選工作」。

前面提到，職涯升級需要的是「標籤」。要獲得標籤，最重要的不是以前在哪間公司上班，而是在公司達成了什麼目標。

所以自己能在那間公司發揮多少力量，是否拿得出成果的觀點就不可或缺。換句話說，個人和公司要互助合作，同時盡到必要的職責，藉由加乘作用拿出成果＝產生綜效。

選公司時重視綜效，就會從公司能否讓個人充分活用自己的經驗或能力，並且為了讓員工精益求精而投資的觀點出發。

反觀公司則會積極錄用那些適當投資之後，能以高超的表現大展長才，拿出成果的人。

只要產生綜效，工作就會變得開心，下次轉職時也會擁有信心，能夠彰顯自己。

以我個人的例子來說，當我一度辭去 Yahoo 職務又回鍋時。「希望能夠參與自己擅長的行動通訊產品開發」的想法，與公司「希望從電腦轉型到行動通訊」的想法契合，所以是產生綜效的工作經驗。

想做行動通訊相關的工作是打從第一次離職前就有的主張，不過當時公司並未認真看待，所以沒有給我所需的武器，沒能如願產生綜效。

然而，第二次的時候，公司表示「我們會提供所需的武器，希望你務必出力相助」，於是就決定再次回鍋了。

這正是自己期盼達成的目標和公司要求的職責吻合的案例，看綜效選擇復職。

爾後，Yahoo 在某種程度上成功實現行動通訊變革，於是我決定趁著事情告一段落跳槽到 LinkedIn。Yahoo 的綜效已經完成，該追求下一個綜效了。

要在活用強項的同時摸索綜效

關於綜效，我們就以第三十六頁提到的A先生為範例。

A先生想要轉職，挑戰開拓新業務。這時就需要憑一己之力，深入挖掘自己在期望背後的想法或目標是什麼。

比如，要是現在的工作已經變成例行公事，覺得再這樣下去無法期待大幅成長，就要想辦法活用以往的強項，進階到其他業界的業務職。具體來說，假如公司想要另行銷售專為企業打造的新IT系統，綜效就有可能成立。

衡量綜效的重點在於活用現在從事的工作和自己的強項，同時從寬廣的視角探索。

比如A先生在目前的公司做業務時，聽客戶說話的機會應該很多。只要在這裡累積詢問客戶煩惱或需求的經驗，就可以將懂得同理客戶並從他們身上發掘課題的技能，確立為自己的標籤。

懂得同理客戶並從中找出真正問題的技能，也稱得上是開拓新客戶需要的技能。換句話說，除了現在的汽車業之外，還可以往別的業界橫向發展。

只要像這樣在目前的工作當中釐清自己的標籤，看綜效選轉職去處時的選項就會增加。

關鍵概念⑤人際關係

建立廣大而距離合適的連結

轉職1.0▼「建立人脈」

轉職2.0▼「建立人際網絡」

轉移到「其他連結」時會大幅提升市場價值

從以前就有人主張，不只是轉職時需要人脈，在商場上要成功更是如此。

「人脈」這個詞給我的印象是偏狹窄而深入的人際關係，由一群人之間緊緊相繫。其中典型的例子就是同期的工作夥伴、同一間大學的學長學弟、同學、酒友，或是其他相知甚篤的交情。

相形之下，我想藉由「人際網絡」這個詞，指出將來的時代會重視的人際關係。

人際網絡是比「人脈」廣大、淺薄而距離合適的關係，連朋友的朋友的朋友都囊括在內。其中也包含沒有直接一起工作或不屬於同一個組織的人。

雖然彼此認識不深，卻忍不住感興趣，在同樣的業界中認知到彼此的存在。「沒有實際見面，只是互相傳遞訊息」就是人際網絡的典型範例。

人脈可以改稱為「強連結」，人際網絡則可以改稱為「弱連結」。關於「弱連結」，學者專家也發表了許多學術的研究論文。

有個知名的假說叫做「六度分隔理論」（Six Degrees of Separation）。這是一九六〇年代心理學家史丹利·米爾格蘭（Stanley Milgram）的實驗揭露的現象，顯示「世界上的人只要藉由六個好友或熟人，就可以間接相識」。

附帶一提，發展電玩、媒體和其他相關事業的聚逸股份公司（GREE, Inc.）商標為六角形，由來就是六度分隔理論。

六度分隔理論認為，六人中介的關係並非親疏相等，擁有強連結的人會散見在其中。

總而言之，關鍵人物會有好幾個，肩負的職責是聯繫隔行如隔山般的巨大鴻溝。

個人想在職涯上成功，重點是能否與關鍵人物拉關係。

假如以人脈這種偏狹窄的人際關係衡量，關鍵人物存在的機率就很低。反觀弱連結的人際網絡當中，內含關鍵人物的機率就會提高。

只要與關鍵人物拉關係，跨業建立專案和轉職的機會也會增加。

人脈與人際網絡

人脈	人際網絡
●狹窄而深入	●廣大而距離合適
●強連結	●弱連結
●偏向相近的社群	●多元化，也包含沒有共事過的人
●非雙贏關係	●雙贏關係

日本直接網羅和內部推薦的案例也在急速增加

實際上，現在日本內部推薦的比例正在增加當中。

根據HR總研*的調查指出，企業招聘轉職者所用的方法和服務第一名是「人才招聘」（百分之七十三），與第二名「轉職網站」（百分之七十一）的使用率勢均力敵（HR總研《招聘轉職者的相關調查》）。

雖然現在採用內部推薦的比率較低，

*日本人力資源研究機構，調查及研究範圍涵蓋招聘、工作方式、個人職業、人力資源開發、管理及其他公司的人力資源組織和人員等。

卻也占百分之四十一，假如範圍限定在大企業則是百分之五十二，超過半數。

另外，百分之二十採用直接網羅。

未來，採用直接網羅和內部推薦招聘方法的比率相信會更高，很可能爬到前幾名，成長潛力十足。

換句話說，只要人際網絡內的成員認識自己，就有可能透過別人，讓公司想要錄用的聘書意外到來。

只不過，人際網絡當中由誰來搭橋，關鍵人物在哪裡，在實際發生之前都是未知。當不知道什麼地方會有什麼關係時，至少要記得保持君子之交淡如水的關係。

淡如水的關係也很好，不，淡如水的關係才是最理想的。

特點①

同時獲得工作意義、年收入、人際關係、以及工作和生活的平衡

將市場價值最大化的方法會成為一大利器

「轉職1.0」的時代，轉職通常都伴隨著妥協。

「知名企業的薪水也不錯，卻必須工作到三更半夜。」

「雖然能以自己的步調工作，做起來也很有意義，但就沒辦法

獲得較高的年薪。」

類似這樣，「顧此失彼」是理所當然，要滿足所有的希望是不切實際的。

然而，「轉職2.0」可以將工作意義、年收入、人際關係、工作和生活的平衡同時弄到手。

為什麼可以實現沒有妥協的轉職呢？

一個原因是勞動人口減少，總體狀況來說，人才不足變成了常態。

目前為止通行的管理方式，是以「就算你辭職，取代你的人要多少有多少」為由，強迫員工接受操勞的工作型態。相形之下，將來若不營造輕鬆工作的環境，企業的存續就堪憂了。

人才爭奪早已過於激烈，企業不只要錄取優良人才，讓現在旗下的員工願意繼續留任的必要性也迫在眉睫。

同時，日本國內的勞動人口正在減少當中，為了維持經濟成長，就採取措施鼓勵女性或高齡人士持續工作。那就是工作型態改革及促進女性活躍發展。

這樣的新政策也會成為後盾，將方向轉移到容許個人多樣化的工作型態上。

個人期盼的工作型態原本就會因應人生階段而變化。

或許二十幾歲的青年當中，會有想要埋頭工作、不討厭加班的人在，然而一旦結婚生子，有時重心就要暫時放在育兒上，希望減少工作量。

目前為止，公司是以全職工作為前提安排業務，也就是要在同樣的時間、同樣的地點工作。因此，以照護或育兒為由，不合條件的人要是沒有用處，就會遭到排除。

不過，假如個人期望的工作型態和公司追求的成果原本就吻合，照理說不管什麼樣的工作型態都可以允許。公司不妨以多樣化的工作型態為前提安排業務。

已經察覺到這一點的公司會強化彈性的工作制度。有些人會在短時工作當中兼顧工作和育兒；有人是一週上班三天的正式員工；也有人藉由外包形式與多家公司合作。全球企業中，男性員工請育嬰假也是理所當然。

如今換工作時，個人的想法和公司的期望吻合的案例也確實有所增加。前者「想要實現彈性的工作型態，配合生涯規畫的變化，不讓職涯中斷」，後者則「想要錄用擁有能力和實務績效的人，不受一週上班五天的正式員工框架的束縛」。

類似這樣，總體環境的變化讓公司和個人的立場對等起來，轉職2.0獲得更多的條件，得以成為市場價值最大化的方法。

換句話說，個人的市場價值變到最大，就會成為許多企業想要招攬的對象。假如個人必須在工作意義、年收入、人際關係、工作和生活的平衡或其他條件上妥協，只要選擇別的企業就好了，如此一來和企業協商條件也會變得容易。

時代的變化當中，公司立場變得比經濟高度成長時期還要弱。假如再獲得市場價值這個強大的武器，職涯的選擇即可大大增加，最後就會實現不用妥協的轉職。

理想的職涯還能讓人一輩子不愁吃穿

我預計以後堅持轉職1.0的人和實現轉職2.0的人之間的落差會愈來愈大。

堅持轉職1.0，想要完全依靠一家公司的人，工作的同時就要害怕公司的業績可能惡化、遭到併購或遇到其他問題。

有些人在無法控制的狀況下工作會有龐大的壓力。尤其是現在每個人的業務量增加，為了在公司留任而要熟悉大量的工作，過程中精神確實會遭到侵蝕。

防範難以預料的事情，提高自己的市場價值，能夠選擇B計畫、

C計畫的人，精神上應該就可以開心地工作。

自貼標籤，建立人際網絡，藉由內部推薦或直接網羅提高轉職機會的人，就可以不必牽扯到忍氣吞聲的工作型態，一輩子不愁吃穿。

那些不僅實現無須忍氣吞聲的工作型態，並追求在市場上職涯升級的人，對目前在這家公司想要達成的目標瞭然於心。

達成目標之前會懷有強烈的意願，想要在目前的公司努力。既然努力，就會拿出成果，也就會產生自信。只要這樣的個人增加，也就能為公司帶來成果，公司就再也沒有合理的理由束縛個人了。

反倒是如果所有員工跳槽到其他公司之後，業務就無法運作，所以公司應該會試圖尊重員工的自由。

換句話說，假如每個人都過渡到「轉職2.0」，公司也必然不得不轉型，愈來愈能建立良性循環，實現無須忍氣吞聲的工作型態。

轉職 1.0 與轉職 2.0 的目標

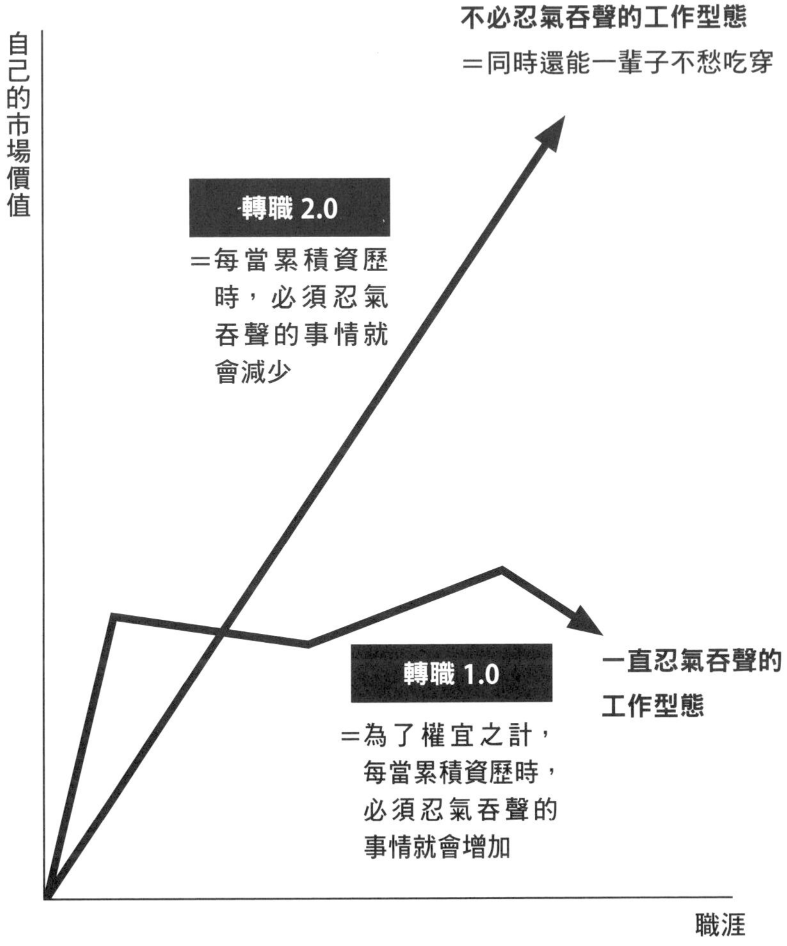

特點②

沒有實際成果、強項和志趣的人也辦得到

大學或公司的名氣已經沒有價值

「轉職2.0」的第二個特點，就在於即使沒有顯赫的職涯，也可以實現無須忍氣吞聲的工作型態或轉職。

如果已經轉職到中階職位以上，畢業大學的名氣或上一個公司的品牌就會失去價值。

以後要是綜效優先的轉職成為主流，關注個人能在公司達成什

麼目標，照理說就不會那麼要求過去的經歷。

現在，以臺灣數位政務委員身分大展長才的唐鳳，透過強化線上口罩購買系統和假消息查核系統，獲得世界的矚目。

唐鳳國中輟學，十六歲參與企業經營，十九歲創業，還擔任過蘋果公司的顧問。即使國中唸到一半就輟學，卻在矽谷獲得重用，並擔任政府要職。這樣的時代已經來到這個世界。

方法在於釐清實際成果和強項

世界上以為「自己沒有實際成果或強項所以不能轉職」的人很多。然而，沒有實際成果或強項單純不過是個迷思，那些人只是不曉得釐清的方法而已。

我也明白對自己的實際成果或強項沒把握的心情，但是留下成果並受到媒體讚賞的人只有一小部分，沒有必要因為不起眼而自卑。

若讓我來說，除了現在工作獲得的金錢之外，公司也要認可你的工作。這就是身為專家的成果的證據。

假如將自己收受公司的金錢和自己從事的工作放在天秤上，認為「自己拿到太多錢」，或許就需要再努力一點，並留下實際的績效。

只不過，自己的薪資不會像基本收入一樣由公司自動支付，而是以工作對價的方式獲得。假如自知從事的工作和薪資相稱，就該擁有自信，為自己的成就自豪。

關於自己的強項也一樣。

請各位試著盤點和歸納自己現在從事的工作，回想一下這一年公司在什麼方面認可和稱讚自己的工作。

假如透過人事評估表或其他工具衡量，相信你就能輕鬆找到。

只要衡量「自己工作當中的什麼要素，讓公司覺得有付錢的價值」，就一定可以找出自己的強項。

這種強項正是前面提到的「標籤」應有的功能。

日本會釐清自己標籤的人原本就很少，所以就只是沒發現自己在轉職市場當中的立足之地而已。找出標籤並在市場比較之後，即可估算自己的市場價值。

一旦知道自己在市場上有多大的價值，就能針對轉職建立應當採取的策略。

沒有志趣的人該怎麼辦？

雖然在目前的公司要稍微忍氣吞聲是事實，但也沒有真正想做的事，不想冒著改變環境的風險。有一定數量的人為此卻步。

「我在就業時找不到想做的事，該怎麼辦才好？」

「做人沒有志趣就不行嗎？」

我本人常有機會遇到年輕人諮詢這樣的問題。

對於懷著這種煩惱的人，我的建議是，無須煩惱「沒有志趣」這件事。

我想勸告各位，剛開始不要勉強找出「志趣」，而是要從現在從事的工作當中，盤點讓人覺得興奮和開心的事情是什麼。

照理說盤點之後，就可以篩選出「雖然無心卻不得不從事的工作」、「做完之後覺得滿足、覺得有意義的工作」。

篩選之後，再以「什麼職業能夠從事更多做完之後覺得滿足和有意義的工作，以及要在哪裡找」的觀點衡量就行了。

比如前面提到的A先生，假設他「解決完客戶的問題時會感到開心」，或許就適合客戶成功經理（Customer Success Manager，CSM）的職務。

Customer Success 直譯為「客戶成功」，客戶成功經理要肩負讓客戶成功的職責。具體來說，就是傾聽客戶的要求或不滿，提供最適合的計畫或功能，拿出解決問題的方案。主要工作為藉由一連串的措施提高客戶滿意度，促使客戶持續使用產品或服務。

客戶成功的工作之所以備受矚目，與訂閱制商業的普及息息相關。現在企業追求的不是賣斷的生意，而是建立機制讓客戶持續使用服務或商品。所以，為了超越以往客戶支援的業務，更加積極地解決客戶的問題，就產生了類似客戶成功經理的職位。

假如A先生任職的公司，沒有設置客戶成功的相應部門或類似客戶成功經理的職稱，可以透過自己的人際網絡，詢問知道詳情的人。

假如詢問到最後覺得好像很有趣，藉由轉職追求職務的選項就浮現出來了。

要實現沒有忍氣吞聲的轉職，就要記得依循「自己開心」的真實感受。

每個人應該都可以在目前從事的工作當中，找出一個覺得「開心」的要素。讓我們想想這份覺得「開心」的要素能夠膨脹到什麼程度吧。

照理說只要追求開心，任誰都可以過渡到轉職2.0。

第1章總結

- 終身僱用制正常運作的時代，「公司」的地位比「個人」強烈，即使對公司有什麼不滿，也不得不忍氣吞聲地工作。然而，終身僱用制的崩解，導致職涯規畫的決策權不在公司手上，而會轉移給個人，任誰都無須忍氣吞聲地工作的時代已經到來。
- 因此，個人需要意識到，現在該用盡全力提高自己的市場價值，積極活用「轉職」作為提高市場價值的手段。

．提高市場價值就是要「自貼標籤」。釐清自己的標籤，再以加乘的標籤為主軸衡量下一個工作，市場價值就會進一步提升。

．現在終身僱用制已經崩解，技能導向的思維沒辦法升級職涯。以工作型僱用方式為中心的後終身僱用時代，職務導向將是必備的觀念。

．看公司選工作是以別人的標準選擇職涯，難以因應外部環境的變化。選工作要記得以是否可以獲得綜效為基準，也就是能否藉由個人和公司的加乘作用拿出成果。

．個人想在職涯上成功，重點是能否與關鍵人物拉關係，所以要建立廣大而距離合適的人際網絡。

．轉職2.0是可以將市場價值最大化的方法，能夠擁有向企業交涉條件的武器，最後就可以達到沒有絲毫妥協的轉職。

．不是你沒有強項或實際成果，你只是不曉得釐清的方法而已。清晰地認知自己的強項或實際成果的人很少，單憑釐清就可以大幅拉開與周圍的差距。

第2章

認識自己——從「蒐集資訊」轉換成「自貼標籤和宣傳」①

沒有強項、實際成果和志趣的人也能知道自己的市場價值

自己的市場價值取決於「需求×供給」

要實現可以接受的轉職，獲得無須忍氣吞聲的工作型態，首先就需要正確掌握自己的市場價值。

原本徵才市場就是建立在需求和供給的關係上。

比如，登錄到獵頭型徵才網站上，或是活用轉職網站的獵頭功

能之後，就可以收到來自仲介或徵才企業的獵頭郵件。

獵頭郵件有的是自動寄信，有的是由轉職網站的負責人直接寄出，有些則是由企業負責徵才的人發送郵件。雖然錄取率依形式而異，但無論是哪一種，都是大致判斷自己市場價值的指標。

假如獵頭的反應寥寥無幾，就會知道你目前的職務在徵才市場中需求不大。這時即可判斷，最好是該自貼更吻合需求的標籤，或是提出一個以上的標籤。

關鍵在於透過市場這個地方，檢驗自己看起來怎麼樣。

以方法來說，除了登錄到轉職網站以外，也不妨實際見見轉職仲介公司的負責人或職涯顧問。

藉由讓自己實際置身在徵才市場中，瞭解親身體驗市場的感覺。

我本人從二十幾歲起，就強烈意識到自己的市場價值，每年不斷更新履歷表。說起來，這就像是年末的例行公事。

只要製作最新的履歷表，不但會對自己的市場價值有自知之明，還有個實際的好處是，當轉職的機會真的到來時，可以馬上回應。

我雖然不會在工作的時候常常想著要轉職，但會持續抱持著「假如有件事聽起來很有趣，就會想要問一次看看」、「假如有讓我更能發揮的職場，就果斷轉職」的態度。過程中，轉職的抉擇就實際來了好多次。

尤其是在外商公司工作的人，往往在二到四年後就要摸索下一個階段，所以對於自己的市場價值或徵才市場的動向很敏感。他們會時時張開天線，準備下一次轉職。

另一方面，依我之見，在日本公司工作的人，持續認清自己市場價值的機會似乎很少。既然是在認真衡量轉職後，慌忙地付諸行動，於是會有偏離需求的風險。

瞭解強項和能力＝釐清自己的「標籤」

要找出通用於市場的強項和能力，就要釐清自己的標籤。

我在轉職到 LinkedIn 的過程當中注意到一項事實，就是參與企業策略或併購的經驗是既獨特又稀少的標籤。這是意想不到的收穫。

高階人才尋訪（獵頭）顧問曾對我說：「擁有工程師的背景、企業收購的經驗以及經營管理階層的職務的人，就會有亮眼之處。」讓我留下特別的印象。

外資基金著手變革日本企業時，工作能幹的人會藉由這樣的職務擁有稀有性，受到重視。

我再次體認到，有時自己沒有注意到的標籤會在市場獲得好評。

自己被周圍的人發現的強項，或許多得讓人意外。

我身邊有個 Yahoo 時期的前部屬轉職到 Money Forward，他是因為我的介紹而轉職。

剛好我從 Money Forward 那邊聽說，「我們想創辦新的研究中心。有沒有人擅長最尖端的科技，適合設立研究中心呢？」於是就瞬間想到那個人的名字。

那個人也參與過 Yahoo! JAPAN 研究中心的設立，還曾經長期和我參與其他企業的事業合作案，所以就覺得他的強項可以發揮作用，幫忙介紹工作。

原本那個人對轉職不感興趣，但在實際聽到我說的話之後受到吸引，最後就直接轉職了。

只要像這樣釐清強項或能力（也就是標籤），符合市場的需求，不管到了幾歲都能實現理想的轉職。

要瞭解市場多麼需要自己手頭上可供選擇的標籤，建議不妨實際搜尋一下。假如能搜尋到結果，就可以推測市場有需求。反觀若沒搜到結果，就代表以標籤來說還不夠格。或者就如前面所言，從轉職仲介或其他地方寄來多少獵頭郵件，將會成為一項指標。

市場需要什麼標籤會隨著時代而變化，必不可少了定期檢查自己的標籤是否通用的習慣。

自貼標籤能將轉職的負面理由轉換成正面

相信讀者中，也有人因為不滿現在的公司，覺得工作乏味或上司令人火大而考慮轉職。為了擺脫現在忍氣吞聲的工作型態，就要活用轉職的手段。這個想法本身並沒有錯。

只不過，單憑負面動機恐怕很難實現愉快的轉職。我不認為公司會想錄用除了負面動機就沒有其他應徵理由的人。

其實，認識自己標籤的過程，也是將負面動機轉換成正面的步驟。

瞭解自己在什麼地方感受到壓力，該怎麼樣才能夠消除壓力，答案的線索應該會在尋找自己標籤的過程中發現。

基本上，能夠活用自己標籤的工作＝能夠充實度日、開開心心的工作。

人在釐清自己標籤的過程中，就會注意到自己的價值。只要反覆思考自己的價值，既可以再上一層樓，也能完成偉大的工作。

自貼標籤框架①

拆解

拆解① 更新履歷表

就如前面所言，為了發現自己的標籤，就該先處理履歷表，也就是撰寫職務經歷。

其實，許多日本的公司職員幾乎沒有撰寫履歷表的經驗。通常只要在公司上班，公司就不會要求提交，所以沒有機會意識到這一點。

一旦這樣的人開始轉職，公司就會在要求提交履歷表的同時提交職務經歷。屆時才會注意到自己不會寫履歷表的事實，因而慌張起來。

實際在網路上以「履歷表」為關鍵字搜尋後，就會顯示「寫法」這項搜尋建議。光是這樣，即可看出大家正在為如何寫履歷表感到苦惱。

而轉職仲介的職涯顧問，肩負的職責似乎就是幫忙想要轉職的人製作履歷表。

這是我本人從職涯顧問口中聽來的故事。職涯顧問詢問想要轉職的人：「你自身的強項是什麼？」、「你會做什麼樣的工作？」，回答多半是「我能當部門經理」。

就算講一句「部門經理」，要求的職責卻依公司而異，從事的工作也各有不同。然而，職務的意識尚未滲透到日本，所以會說出「我能當部門經理」這樣的回答。

於是職涯顧問追問：「那麼，你認為部門經理的工作是什麼樣的呢？」據說對方的回答如下：

「我可以管理十名左右的部屬。」

聽了這樣的故事之後，好像也可以瞭解不曉得履歷表該寫什麼的心情了。

首先要參照格式或指南，試著製作一次自己的履歷表。

其次是根據履歷表的資訊，依照「職務」、「技能」、「行業」、「經驗」及「職能」的分類，寫出會成為標籤的東西。

技能標籤會標明在實際的工作說明書中，看了這個應該就能大致判斷了。

以前面提到的A先生來說，就可以舉出「企業業務」、「內部銷售」、「汽車業」、「一年讓團隊營業額成長三倍」、「擅長瞭解客戶」之類的標籤。

本書最後彙整了一張標籤分類表，歸納並列出這些標籤（三〇〇頁附錄）。只要參考這個寫下來，就可以發現自己的標籤。

附帶一提，標籤的數量無須特別限制，基本上愈多愈好。不過，自貼標籤只是為了在徵才市場受到好評，獲得招攬。只要擁有強力的標籤，就能輕鬆成為第一個讓人聯想到的對象。

從這個意義來說，沒有必要自貼很多價值不大的標籤。

基本上，理想的狀況是每個類別有主要的「一軍標籤」，再加上選用的「二軍標籤」。

當然，一軍、二軍的標籤該配合時代的變化改變策略。這項觀念就和運動隊伍一樣，將現在氣勢正好的選手晉升為一軍，表現低落的選手則下放到二軍。

為了像這樣判斷一軍和二軍的交替，就要時時嚴密觀察社會的動向。

拆解② 將自身的職業拆解成職能

自貼標籤的過程當中，將自身的職業拆解成職能這點格外重要。

職能（Competency）這個詞彙指的是「高度表現中共通的行動特性」，是一種難以量化卻可以確實辨認的特性。既包含當事人本身具備的能力，也有公司人事評估看重的要素在。

職能與單純的技能不同，它是達成交代的目標時所需的能力。

舉例來說，「對團隊的貢獻」、「誠實」、「計畫擬定」、「策略建立」等標籤也是重要的職能。

職能基本上會因應當事人的職務而變化。

有針對行業的職能，也有針對公司的職能。

此外還有因應企業業務職、工程師或其他職業的職能。藉由搜尋或類似的方式，即可判明自己職務中所需的職能。

以A先生的例子，既然他擅長在工作中傾聽客戶意見，衍生出來的「蒐集資訊」或「傾聽能力」標籤或許也可以考慮自貼上去。

只要盤點自己的工作再自貼標籤，具體的事件片段和標籤就可以聯繫起來。根據事件片段提出標籤的能力，對於轉職時彰顯自己非常有用。讓我們選擇自己擅長的職能，自貼標籤吧。

自貼標籤框架②

跳脫

跳脫① 從別人口中的自己獲得啟發

歸納自身標籤的第二個框架是「跳脫」。

跳脫不是自己一個人嘗試自貼標籤。換個方式形容，就是從外部觀點建構出來的方法。

跳脫的第一個方法是從別人口中的自己獲得啟發。具體來說，就是想像商務來往的熟人或好友向第三者介紹自己時會怎麼表達。

比如在本書的企畫通過之際，照理說編輯會以淺顯易懂的方式，向上司、總編輯或其他人介紹我（村上）這號人物。

編輯實際上怎麼介紹當然和我本人沒有關係，但可以想見他提出的資訊是「以工程師身分設立新創公司」、「Yahoo 行動通訊事業企畫策略負責人」、「現為 LinkedIn 日本分公司負責人」或其他類似的內容。身為編輯，要將作者職涯的亮眼之處拿來簡報，他提出的資訊自然也就能在徵才市場中當成標籤了。

實際詢問好友或熟人「介紹自己時會說什麼」也是好辦法。

或許對方會說自己是「團隊的開心果」，也或許對方會說自己是「發生意料之外的狀況時會發揮能力的人」。有時就會從中發現自己以前沒有察覺到的資訊，轉換成標籤。

類似這樣，根據周圍的人提供的回饋和建議貼標籤，就可以驗證在市場上會獲得多大的好評。

跳脫② 即使不考慮轉職，也可以到徵才市場試水溫

自貼標籤的第二個框架，就是在不知道是否該思考轉職問題時，到「徵才市場」試水溫。

具體來說，就是登錄轉職網站。

單純觀察轉職網站的徵才啟事，就會知道市場需要擁有什麼標籤的人。比對之後，即可衡量自己身上的什麼要素會成為標籤。

除了到轉職網站登錄之外，假如實際遇到感興趣的公司，我也建議各位去面試。

雖然我不贊成單純為了市場調查，到完全沒興趣的公司面試，不過，要是有真正感興趣的公司，也可以隨興應徵一下。後輩來商量職涯問題時，我本人就會建議對方「先找家公司面試怎麼樣」。

藉由究竟能否到達面試這一步，即可掌握自己在徵才市場中的能力。假如連一次面試都做不到，說不定就表示目前若沒再拿出一

點成果，就不足以當成手頭上的標籤。也可能是你的工作待遇比市場的行情還要高。

而且，只要努力爭取到面試，也就能抓緊時機直接詢問公司聘用的方針或要求的人才形象，相信這會是個寶貴的機會。

面試官提出的問題將會對自貼標籤產生很大的啟發。比如對方詢問「關於你的經歷的這個部分，請再稍微說得詳細一點」，就可以看出這點是個關鍵，資方會認定為標籤。

即使面試時回答得不好，只要回家後反省「那個部分該怎麼樣才可以說明得更好一點」，也就能活用在下一次的機會上。

相信實際接受面試的經驗，將會成為瞭解自己的莫大助力。

跳脫③ 將職涯顧問當成投資人關係，徵詢回饋建議

撥出時間和轉職仲介的職涯顧問見面，聊幾句也會有益處。這樣就能從外部的觀點評估自己的標籤。

將自己比喻為股份公司時，履歷表就像財務報表，職涯顧問則像投資人關係（Investor Relations，IR）。所以就算不考慮轉職，藉由諮詢的名義和職涯顧問碰面也非常重要。

尤其是轉職仲介的員工，更是相當瞭解現在哪個行業的哪家公司人才不夠。

比如像工程師，職涯顧問握有的資訊就是「任何公司都渴望招攬懂得寫這種程式語言，擁有這種經驗的人」。假如聽到這樣的資訊，自己又擁有這個標籤，就可以判斷轉職成功的機會很大。

反過來也可看出，要是不能以自己手頭上的標籤決勝負，就必須透過累積學識或經驗來獲得標籤。

尤其是大企業，要承擔龐大的組織，往往需要時間引進新技術。一項新技術遲了三年、早就衰微了才引進的案例並不罕見。所以要小心有時會沒趕上技術升級的時機。

只不過，轉職仲介或職涯顧問也是形形色色。有的人的動機是想要先增加轉職件數再說，有的人則會為了長期提高業界的品質，

假設自己是「股份公司」……

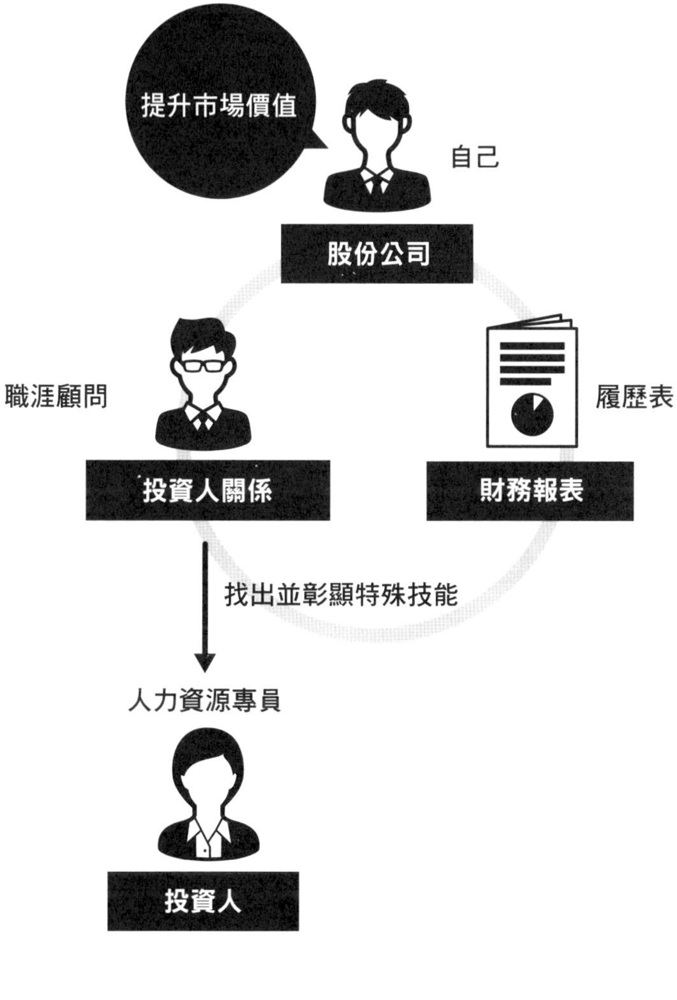

追求「有意義的轉職」。

因此，尋找適合自己的仲介和顧問就很重要了。從結論來說，找幾個人實際見面說話是最好的方法。

另外，談話時也需要努力將自己的工作內容確實化為言語表達出來。

「自己做什麼工作時會感到開心？」

「從什麼地方感受到工作意義？」

能夠提供這種資訊的就只有自己。要是沒有表達出自己的工作內容，最終就只會在待遇、公司規模或其他表面的話題打轉。

跳脫④ 從經歷相仿的人身上尋求榜樣

查看與自己在相同業界，擁有相同職業、年齡和職務之人的簡介，瞭解當事人也是作為標籤要素的有效方法。找個與現在的自己相近的人，將對方的簡介與自己對照，這樣應該就能找出自己的標籤了。

只要看了別人的簡介，就會發現「這個標籤會成為彰顯自己的材料」、「這個標籤自己也有」。

根據這項發現，打出同樣的標籤也不錯。假如透過社群網站，得知當事人成功轉職的事實，也就證明標籤有效發揮了作用。

說得更白點，調查自己嚮往的人和工作能幹的人擁有什麼標籤也不錯。

比如說，假如公司裡有類似精英的人，凡大型專案必定邀他參加，就要用「標籤」的觀點推理一下為什麼專案會邀那個人。

這個觀點在衡量自己的標籤的時候也很管用。

如果周圍沒有足以成為榜樣的人，透過社群網站尋找或關注活躍的影響者（Influencer），也是一個方法。

假如網路文章以影響者為題材，即可從文章的標題中找到啟發。

基本上在撰寫文章之際，會想個能夠勾起許多人興趣的標題。標題有時幾乎等於象徵當事人的標籤。文章的迴響愈大，就可以認定標籤也愈強，市場價值愈高。

標籤要宣傳才有意義

藉由獲得市場認知，標籤讓職涯發展更有利

我們不但要找出自己的標籤，還要藉由宣傳讓職涯更加分。

宣傳的目的是讓別人認識自己。

人們很少會聽「陌生人」的意見。假如想要主張自己的意見，就必須先展現足夠的自我。

只要平時在社群網站上散播資訊，當作展現自我的方式，自己的意見也就會獲得採納。接著就能讓別人認識自己的標籤，產生良性循環。

宣傳之際，請意識到自己是向誰宣傳。目標對象應該是目前自己所屬的業界，再加上業務夥伴組成的社群。

首先要在狹窄的社群當中讓人認識自己，再慢慢擴展對象，這種做法才實際。

遇到透過 Facebook、Twitter 或其他社群網站聯繫、關係親近的社群，就將自己從事的工作、自己對業界消息的看法及其他相關資訊發布出去。

分享文章的缺點是，知名的新聞會有很多人留言，難以彰顯自己。與其這樣，還不如替業界報紙的新聞附上評語，或是翻譯英文及其他外文的新聞再發表意見，比較能夠獲得資訊上的稀有性。

關鍵在於要記得宣傳自己的標籤，同時提供有益讀者的資訊。不必弄得很嚴肅，光是為引用的資訊加上評論也就夠了。單憑提出自己感興趣的事情，就是在散播一項資訊了。

另外在細節方面，請各位記得自己的簡介和貼文也要附標籤，引用的文章用了照片或其他圖像時，要設定開放社交關係圖（Open Graph Protocol：分享網頁時顯示網頁標題、網址、摘要及圖像的機制）。

這時當然要多加小心，不該發布負面貼文和假資訊。替新聞加上評語再發布時，要檢查一下是否為假新聞，以策安全。

讓別人第一個就想到你

開始宣傳之後，要記得不顧一切持之以恆。就像鍛鍊肌肉時一樣，兩天做一次或每天早上做一次，以固定的步調專心持續地做下去。

剛開始或許沒有任何迴響。但即使沒有迴響，輕言放棄也還太早。總之各位要不畏艱難地持續做下去。

只要持續宣傳，就能慢慢獲得迴響，有時自己的成就也會透過口耳相傳散播出去。這也會「讓別人第一個就想到你」。

有時看過我訪談報導的人會私訊請我演講或撰寫文章。不只是我，其他人藉由宣傳獲得共事邀約的機會相信也不少。

關於轉職，尤其在工程師之間，透過 Twitter 找新工作也是不爭的事實。具體來說，想轉職的人只要藉由「Twitter 轉職」的主題標籤，宣傳自己的經驗或技能，看了之後感興趣的公司就會私訊聯絡。

反過來說，也有案例是徵求工程師的公司透過 Twitter 招募人才，或是號召對專案感興趣的人參加。

假如公司允許員工從事副業，也不妨試著參加專案。

宣傳要具有一貫性

藉由「Twitter」、「Facebook」，以及「轉職專用網站（如

BizReach或Wantedly）或商務社群網站（如LinkedIn）」這三個管道，發布同樣的資訊也不錯。Twitter很難知道貼文會送到什麼樣的人面前，但另一方面也有優點，就是能夠觸及很多人。從轉職的意義來看，招聘人員眾多的BizReach、Wantedly及LinkedIn就具備優勢（請各位讀者使用方便的工具就好，沒必要非用LinkedIn不可）。

每個管道的受眾屬性不同，反應也不同，但無論哪個管道都有個優點，就是貼文的互動程度會以數字表示，容易掌握觀看人數。LinkedIn還可以獲得詳細的資料，得知觀看者是什麼行業和什麼公司的人，所以會發現貼文曝光到意想不到的業界中。

實際要好友或熟人針對自己的貼文給予回饋建議，也是有效的辦法。

在第三者眼裡看自己這個人顯得如何，徵詢回饋建議後，再逐步修正可以調整的地方。類似這種提升宣傳精準度的步驟，和工作時要通過PDCA循環完全一樣。

附帶一提，假如要列舉周遭善於宣傳的人，我會想到澤圓先生（前日本微軟業務執行董事）。

澤圓先生疾呼「個人能力」重要性的訊息和他本人的行動不但具有一貫性，長髮的強烈視覺形象也和自由的生活方式相通。剛開始或許很難藉由外觀發動攻勢，不過既然獲得某種程度的認知，在視覺上管理自我的品牌就會發揮作用。

從外觀品牌管理的意義來說，千葉功太郎（前 COLOPL 副總裁，慶應義塾大學 SFC*特別招聘教授）先生出現在媒體上時，經常以和服的形象示人。

像這樣從有影響力的人的宣傳當中，採納值得參考的優點，也是一個方法。

讓私人生活宣傳更有價值的方法

附帶一提，很多人會沒頭沒尾地上傳能在 Twitter 和其他社群網站輕鬆發布的資訊——像是午餐吃了什麼或在咖啡店點了什麼甜點，但這是錯誤的順序。

首先要先讓大家認識自己。

當自己的意見獲得共鳴之後，再發布「這碗拉麵的特色在於○○，美味可口」，那麼貼文就會產生價值。因為別人會認為「○○先生講的話有說服力」。所以再怎麼樣都要全力發表自己的意見，不能貪圖方便。

為免誤解，要請各位明白，這絕不是叫人別發布私生活的相關貼文。假如能夠有效傳達自己期盼的工作型態或價值觀，即使是私生活的資訊也該盡量發布。

我本人偶爾會貼自己拚命鍛鍊肌肉的模樣。尤其是在新冠肺炎疫情當中，更是會特意發布這類訊息。

＊慶應義塾大學湘南藤澤校區（Shonan Fujisawa Campus）。

那是因為我的主張是「企業經營者應該鍛鍊肌肉」。

工作時需要體力也是原因之一，不過最大的理由是兩者在「設定和達成目標」的過程中具備共通點。

為了達成設定的目標要踏實努力，努力的過程很孤獨，感覺就和企業經營很像。所以將鍛鍊肌肉的相關貼文發布出去的舉動，也和自己的標籤息息相關。

第2章總結

- 自己的市場價值取決於「需求×供給」。關鍵在於透過市場這個地方，檢驗自己看起來怎麼樣。
- 要找出通用於市場的強項和能力，就要釐清自己的標籤。還要記得重視同事、好友、職涯顧問及其他周遭人士的回饋建議。
- 自貼標籤的框架大致可分為「拆解」和「跳脫」。

- 「拆解」的框架可分為以下兩種：「更新履歷表（職務經歷）」和「將自身的職業拆解成職能」。
- 「跳脫」的框架可分為以下四種：「從別人口中的自己獲得啟發」、「即使不考慮轉職，也可以到徵才市場試水溫」、「將職涯顧問當成投資人關係，徵詢回饋建議」及「從經歷相仿的人身上尋求榜樣」。
- 標籤不只會讓別人認識自己，也能藉由「獲得市場認知」，讓職涯發展更有利。宣傳之際，最好從業界與現職相近的社群出發，慢慢擴展對象。

第3章

提升自己——從「蒐集資訊」轉換成「自貼標籤和宣傳」②

提升市場價值＝「既有標籤」×「新標籤」

以「市場思維」為主軸，提升市場價值

工作要建立在需求和供給的均衡下。職場人士自身應有的價值，也要放在「市場」的標準下才可以測量。

當然，在公司裡爭取想做的工作或追求晉升很重要。但若只顧著觀察自家公司內部，忽略與公司外部的交集，萬一遇到狀況就動彈不得了。

我們要記得時常觀察公司的內外，不管選擇什麼職涯，都要能

夠實現「無須忍氣吞聲的工作型態」。

首先要按照第二章介紹過的框架，從履歷表開始自貼標籤，藉由宣傳掌握自己在市場當中的定位。

然後請試著查看與自己現在從事的工作相同的職缺資訊。這些資訊也會提供大致的收入標準。

假如自己的收入比徵才市場低，就可以推測自己的市場價值更高；反之要是現在的收入比徵才資訊高，就可以知道其實現在從事的工作待遇優渥。

要是後者隨便嘗試轉職，很可能就要在更嚴苛的條件下工作。這種人必須藉由轉職以外的方法，摸索自己期望的職業。

成為「許多企業想要的夢幻人才」

公司積極徵才的職業大致可分為兩種。

其中一個職業是即使要對人才參差不齊稍微睜隻眼閉隻眼，也要先把重點放在確保人數上。第一線的業務人員就是典型的例子。

另一個則是稀少的職業。要提高市場價值，目標就該是成為「許多企業想要的夢幻人才」。

具體來說，只要想像從事新興職業或參與新事業的人就容易明白了。

日本的企業從幾年前就會使用「開放式創新」這個詞，建立開放式創新推進辦公室或其他類似部門的案例增加了。開放式創新的意思是從公司外部引進技術或創意，努力開創革新的服務。

能夠參與建立開放式創新推進辦公室的人僅限於部分人才。假如這時有人擁有新事業方面的標籤，加以宣傳，就必然容易受邀加入。

又或者，從不久之前到現在還有一個關鍵字，那就是許多企業在尋求的「ABC人才」。

「ABC人才」指的是精通人工智慧(AI)、大數據(Big Data)及雲端(Cloud)的高手。

即使只取精通雲端的人才,也可以細分成「擅於運用的人」、「擅於開發的人」、「能夠做商業提案的人」及其他職業。換句話說,熱門領域中存在著各式各樣的職務。

要成功升級職涯,少不了要依據自己手頭上的標籤,從最熱門的領域中找出最適合自己的職務。所以要在活用自己強項的同時逐漸改變方向,進入與以往沾不上邊的職涯路徑中。

單一路線的職涯發展終究會面臨保存期限

基本上「許多企業想要的夢幻人才」是從標籤加乘中應運而生。

持續在同一家企業做同樣工作的積累型職涯,給人的印象就是專心強化一個標籤。

的確，「〇〇工作一做二十年」的積累有其分量。

不過，持續強化一個標籤到最後，要是面臨保存期限該怎麼辦？比如以前的火車站，就會有動作迅速正確而熟練的剪票員用剪票鉗剪車票。要擁有熟練的技巧，為川流不息的乘客剪票，而且連過期的定期票都要指出來。

不過現在就如各位所知，車站設置自動驗票機，乘客根本連購買車票的機會都急遽減少，「剪票」的技能標籤早就消滅了。由此可知，藉由突破標籤一點以開拓職涯的風險太大了。

因此，標籤加乘的方法就派上用場了。標籤加乘之後，就會走上與現在的職涯發展有點不同的職務。

標籤加乘時，要記得選擇能夠活用一個標籤強項的另一個標籤。

提升自己稀有性的標籤加乘法

現在要再稍微具體地說明標籤加乘的方法。

首先要根據履歷表，按照本書最後的附錄標籤表（第三〇〇頁）「職務」、「技能」、「行業」、「經驗」及「職能」的分類寫出標籤。

以A先生的例子來說，就可以舉出「企業業務」、「內部銷售」、「汽車業」、「一年讓團隊營業額成長三倍」、「擅長瞭解客戶」之類的標籤。

這就像是看著標籤分類表，橫向寫出標籤一樣。通常在評價一個人時，會以橫向的標籤觀察，比如判斷對方是「金融業的人」或「會用英文的人」。

然而，我想在本書提出的觀點是，將標籤分類表的標籤縱向加乘。

以我自身為例，原本的工作是當個工程師寫程式，這就會當成「技能」的標籤確立下來。

當時我在 Yahoo 工作，經手過很多企業收購的案子。計畫要收購與新事業相關的企業時，該取得什麼技術就會是問題。

因此，Yahoo 需要能夠做出技術判斷的工程師，就讓我參與收購專案。就在這樣的工作當中，我發現懂得判斷「這家公司的技術可不可行」，提議哪些企業值得收購，是唯有自己能夠拿出的價值。

以往我懵懂地認為「企業收購這種工作是大有為的高層在做的，自己沒有介入的餘地」，後來才瞬間發現自己擁有「經手企業收購」這項經驗的標籤。

結果，我就藉由「工程師」和「經手企業收購」的標籤加乘，提高了自己的市場價值。

實際上，我透過「經手企業收購」這項經驗標籤的加乘，脫離以往工程師應有的職涯發展，成功在 LinkedIn 這個地方獲得新的職涯。

一個人擁有的職涯標籤當中，只要其中一個很罕見，有時就可以藉由加乘創造稀有性。

我建議各位透過標籤加乘建立稀有性，因為每個標籤必然有其保存期限。

就算抓著一個強大的標籤不放，五年後也不能保證它仍然強大。基本上具備稀有性的標籤一定會過氣。尤其是技能的標籤，持有五年就算不錯了。

這麼一想，就可以明白執著於一個標籤的風險了吧？

STEP①

要與什麼標籤加乘？

提升市場價值的標籤① 既有標籤和以外的標籤

為了走上與原本職涯發展不同的職務，就少不得要憑市場嗅覺加乘標籤，讓自己的市場價值具備稀有性。

我們就以本書的範例A先生來想一想。

業務這一行大致可分為B to B（企業對企業提供產品或服務的

交易）和B to C（企業對個人提供產品或服務的交易），專精其中一項的人才眾多。

但是，目前擁有雙料經驗，兩者皆能處理的人少之又少。假如A先生擁有雙項經驗的標籤，就會從中產生稀有價值。這就是拿「既有標籤和以外的標籤」互相加乘的代表範例。

另外，根據商品單價的不同，業務人員談生意的方式就會天差地遠。

銷售非常便宜的商品和高價商品的做法本來就不同。銷售以億為單位的商品時，需要完成通過公司內部簽呈的手續。所以，談生意的方式當然會和有權自行決定商品怎麼賣的人有所差異。

像這種同時知道單價不同的商品和服務怎麼賣的人，也可以算是懂得拿「既有標籤和以外的標籤」加乘的人了。

以管理來說，隨著承接的組織規模、部屬人數和其他層面的不同，管理方式就會有所差異。假如擁有管理數人團隊的經驗，而且具備的標籤是主導建立千人單位部門的經驗，就會變成稀有價值極高的人才。

提升市場價值的標籤② 隨著新興職業而來的標籤

標籤加乘的方法當中，還有一招是拿隨著新興職業而來的標籤加乘。

現在許多企業藉由數位轉型（DX，Digital Transformation，藉由數位技術達到業務或商務的變革），大幅轉換業務流程或工作方法。新興職業就在這股漩渦中誕生。

比如幾年前，民眾還不熟悉資料科學家（Data Scientist）和數據分析師（Data Analyst）這一行。然而現在就算談到「資料科學家」，也會細分成從事程式設計的人，以及根據高度分析結果，提供資訊給業務部門的人。

擁有工程師的技能，同時又要支援業務的工作正在增加。

反過來說，隨著資料分析的普及，以往的業務職對於SQL（Structural Query Language，為求高效操縱資料的程式語言）技術和其他相關的需求也在提高當中。

從大數據中擷取業務所需資料再彙整為摘要的工作，將會直接影響公司的業務能力，進而帶動銷售額和利潤。

因此，同時擁有業務技能和工程師技能的人在市場中非常珍貴，能以相當優渥的待遇被延攬進公司。

至少，如今人才不足的職務一定會有工作機會。那也就表示現在有價值高的職務存在。

今後隨著時代的變化，新興職業和新興職務必然會陸續誕生。要是沒有以新興職業和職務為目標，自己能夠生存的地方就只會愈來愈狹小。要記得時時將目光朝向新興職業和職務。

提升市場價值的標籤③　熱門標籤

以標籤加乘來說，還有個方法是將既有的標籤和熱門領域的標籤加乘。

正在成長中的熱門市場，一定會有足以成為熱門標籤的要素。

現在成長中的公司正在發展受到社會矚目的熱門事業，因為競爭力的泉源就在於此。換句話說，只要在一間成長中的公司工作，照理說必然可以獲得熱門標籤。

說得直接一點，如今正在成長中的公司就集中在IT產業上。從占據世界前十大企業市價總值一半以上的蘋果、微軟、亞馬遜、Facebook及其他大型IT企業來看，也可以發現這一點。

IT巨頭會持續成長，是因為它們確實掌握著前面提到的ABC（人工智慧、大數據、雲端）領域。

另一個成長中企業的共通點，就在於想要盡到社會責任的態度。

致力於提升員工滿意度，以及著重在永續發展目標（SDGs）所涵蓋社會議題（如貧窮或環境問題）的公司，未來都有成長的空間。

STEP②

如何獲得標籤？

從轉職仲介的顧問身上蒐集資訊

想獲得新標籤，就需要掌握以下資訊：現在什麼樣的新職業正在產生、什麼樣的專案正在興起，以及社會關注的焦點是什麼。假如對公司外部的動向敏感就更理想了。

以獲得公司外部資訊的方法來說，聯繫值得信賴的轉職仲介公司，從中獲得資訊的做法就很有效。

企業要建立新事業時，有時會先透過轉職仲介招聘人才。因此，轉職仲介的負責人、轉職顧問和其他僱用方面的專家，就可能會擁有網路上也沒出現過的最新資訊。

與這種專家聯絡之後，就可以請教對方「有沒有什麼有趣的專案在跑？」還可以讓對方看看自己的履歷表，詢問「假如職務經歷是這樣，你會推薦哪個高需求的職業呢」、「能夠升級職涯的職業是什麼」及其他疑難雜症。

有時對方還會探詢你的意願：「這種工作怎麼樣呢？」

或許有人會裹足不前，明明沒有迫切轉職的意思，也可以跟轉職業界的人接觸嗎？

然而，各位完全不必擔心。我反倒會建議大家與強迫別人轉職的人保持距離。其中蘊含了估算信賴度的指標。

值得信賴的仲介有個共識是「要以長期的觀點衡量職涯」。還有的仲介會提供為長期職涯加分的建議。

勸別人先轉職再說的人，只會執著在轉職帶來的誘因上。鼓吹對方「這樣的條件很難得，不馬上行動可就虧大了」，催促當事人下決定。假如覺得強迫推銷不對勁，別急著接受才是上策。

話雖如此，但也不必過度戒備。轉職仲介和資方企業之間有一定的自律規範在運作，常會簽約明訂「假如當事人在試用期間離職，就會退還諮詢費」。

另外，轉職仲介的負責人當中，也有人擁有國家級職涯顧問的證照，將活動重心放在職涯諮詢上。或者也有公司會設置職涯諮詢窗口，當作轉職仲介公司的人員介入之前的承辦單位。

所以，我們也可以先用「職涯諮詢」的形式接洽轉職顧問。

觀察新創企業的動向

觀察新創企業的動向也是一個方法。

成長中的新創企業基本上就是在從事可望成長的事業。換句話說，該公司徵求的職務就是當時的新興熱門職業。

然而雖說是新創企業，實際上也是良莠不齊，不見得都是會順利成長的公司。

要尋找會成長的新創企業，觀察創投公司的投資組合名單，從中挑選公司會最有效率。

以日本來說，就有 GLOBIS、Incubate Fund、YJ capital＊這幾家知名的創投公司。只要看看這類公司的網站，就會發現已經投資的公司的相關公開資訊。

名字出現在上頭的公司，至少經過一次商業模式審查後才會出資，可以想見成功機率會很高。

＊二〇二一年四月一日與 LINE Ventures 合併為 Z Venture Capital。

標籤取得方法①

從現職中爭取能夠獲得標籤的工作

得知最新資訊後，獲得新標籤的第一個方法，就是做現職當中與新標籤有關的工作。要去爭取或開創與目標標籤相近的業務。

轉職過程中，藉由現職的工作拿出某種程度的實務績效並不會吃虧。假如在公司拿出成果後晉升，也多少會為轉職加分。

為了從現職當中拿出成果，也少不得要知道公司外現在出現什麼職業，以及什麼樣的商業模式備受推崇。藉由將目光朝向公司外部，很可能就會發現替現在的工作帶來附加價值的要素。

假如在公司裡的地位不穩，要在內部從事新工作也會受限，但若提出對公司有價值的提案，則容易獲得採納。

以A先生的例子來說，或許可以努力將遠距的要素納入業務技巧中，活用公司內部的社群網絡讓團隊成員分享資訊。在未來的一段時間內，無須面對面的業務或溝通技巧將會加速發展。

請各位注意，不只要完成被交代的工作，還要像這樣納入新的要素，對公司有所貢獻。順應時代的變化，嘗試新事物並拿得出成果，是重要的職能之一，是到任何公司都吃得開的人才不可或缺的要素。

即使是處在無法馬上嘗試新事物的環境，持續在公司裡宣傳「我對這種方法感興趣」、「我想做做看這種工作」也有其價值。

宣傳會讓人認識你、給你機會，這在公司裡也一樣。只要持續宣傳，就會成為一個品牌，機會降臨的機率就會提高。

與其在公司外做品牌管理，還不如在公司內做，至少容易得多。通常只需不斷宣傳同樣的事情，就可以讓人認識你。

標籤取得方法② 轉職到可以獲得標籤的工作

獲得新標籤的第二個方法，就是轉職到可以獲得標籤的工作。

從現職中累積經驗並拿出成果很重要。不過，經驗要隨著時間流逝才會獲得，累積經驗的過程也很可能會浪費時間。

假如從現職中學到的都是保存期限較短的技術，自己的市場價值恐怕會與經驗成反比而降低。

這時就可以判斷最好辭掉公司職務，直接從事可以獲得新標籤的職業。

即使在成長的市場當中，公司的盛衰也是反覆上演、瞬息萬變。從理想來說，跳進正在成長且從事的工作符合自己興趣的公司，再以五到十年的循環轉職，是最能提高市場價值的方法。

再重申一次，要以客觀公允的眼光觀察公司內外，保持進可攻退可守的精神，才是理想的做法。

提高技能標籤的方法

英文標籤仍有需求

接下來要想一想，要怎麼獲得未來會發揮作用的技能標籤。

首先可以預期的是在技能標籤當中，英文能力的標籤仍有需求。

目前日本相當缺乏能夠加乘英文標籤的人才。

說到自貼英文標籤，給人的印象或許是憑著獲得一定以上的TOEIC 分數來贏取優勢。

的確，TOEIC 成績是淺顯易懂的量化指標。但以我實際的感受來說，TOEIC 作為指標的功能大約到六百分為止。分數再往上就不見得與工作的等級成正比。

有的人即使 TOEIC 只有六百分也很能幹，當作實際赴國外工作的起跑線也夠了。反過來說，就算超過八百分或滿分，也無法使用英文工作的人比比皆是。

商務英文能力通常要以兩個步驟來提升。首先是培養絕對的基礎能力。基礎能力的標準是 TOEIC 分數六百分。

另一方面，使用英文從事工作，則可以說是另一種不同的技能。因此，既然學到某種程度的基礎能力之後，要從事副業和義工都行，最好是在實務中累積使用英文的經驗。

說到底，關鍵就在於使用英文從事工作，藉由那份工作拿出成果。無論是使用英文能力獲得國外顧客並提升銷售額的經驗，還是管理需要英文的專案，都會被視為出色的成果獲得認可。

說得極端點，即使沒有 TOEIC 分數也可以工作，市場價值也能提高。

電腦程式思維讓產能飆高

以英文以外的技能來說，電腦程式思維就具有優勢。

這不一定是指寫程式的技能，說穿了就是要學習電腦程式的思維。

可以想見，建立寫程式碼般的邏輯再思考的技能，一定會變成日後工作上不可或缺的要素。這和從以前就有的「邏輯思考」很像卻不完全相同。

邏輯思考指的是依照以下的框架思考：針對某個質性的課題分析，查明原因，再解決課題。

反觀電腦程式思維若以一句話形容，就是活用電腦解決問題。

比如以現在手動進行的工作來說，有時就會覺得「要是用 Excel

寫巨集就會效率十足了」。假如以後更高級的作業也能活用電腦解決，現場的員工就需要憑感覺洞悉「什麼工作應該交給電腦」。

維繫這項能力的是電腦程式思維。將來職場若有具備電腦程式思維的員工在，產能就會飛躍增長，所以這方面的需求必然會日益提高。

要懂得電腦程式思維，學習電腦程式是最直接的方法。現在各種線上講座也很豐富，許多課程即使是和IT背景無關的文組員工也聽得懂。

或者接觸專為兒童製作的教育用程式設計軟體，也是一個方法。

留意自己開創的「價值」

要是將來工作型態的改革深入人心，工作方式就不會是花時間拿出成果，而是需要轉型成提高單位時間的平均產能。

想提高產能，就要記得先確認自己扮演的角色，再傾盡全力拿出價值。

我本人自認就像「宴會表演藝人」，最重要的課題是能在每次表演中拿出多少價值。

無論是本業的工作也好，會議現場也好，或是做副業時在磋商會談中也好，都會帶著危機感。假如沒有拿出超越現場期待的價值，就沒有下一次機會。但我也會幹勁十足，因為只要拿出超越期待的價值，就一定會開啟職涯升級之路。

另外，未來的職場將廢除隸屬於個人的工作型態，透過團隊拿出成果的工作型態會成為主流。尤其對管理者來說，透過團隊能夠拿出多大的成果就是最大的評估重點。

為了透過團隊拿出成果，就要製造機會定期和團隊成員一對一會談。不僅是工作的事情，也需要分享包含私生活在內的資訊。我本人也會記得積極公開自己的資訊，連私生活也囊括在內，好讓彼此放下壓力揭露資訊。

原本人就無法明確劃分工作和私生活。我和職場的團隊成員溝通時，也強烈感受到這一點。

因此，我在一對一會談時，會從以下的問題展開對話：「跟工作沒關係的事情也可以說，你現在最在意的是什麼？」

比如某個團隊成員或許就在想：「孩子在發燒，擔心得沒辦法專心工作。」另外一個人則或許在擔心飼養的貓咪病情怎樣。要是私生活發生問題，也一定會影響工作表現。

任誰都不可能天天發揮穩定的表現，有時幹勁會因為各式各樣的問題而下降。

當團隊成員幹勁下降時，即使勉強對方工作也是反效果。假如某個成員陷入低潮，就鼓勵別的成員加油，時時取得團隊內的平衡，同時拿出成果，這就是管理者的工作。

工作以外的經驗也能化為標籤

關於前一節的「透過團隊拿出成果」，這裡還想介紹另一個觀念，就是工作以外的經驗也能化為標籤。

談到轉職用的標籤，有些人會誤以為是「要與工作有關」，但只要換個角度，就會發現其實工作以外的經驗也能化為強力的標籤。

最近有個觀點以大企業為中心蔚為主流，那就是積極錄用職涯有空窗期的人，尤其是以育兒為由離開工作的職業媽咪。

積極錄用職業媽咪的背景中存在著幾個要素。

要素之一是企業意圖從多元化的觀點，確保女性員工或女性管理者的人數。其中當然也考慮到在人手長期不足的趨勢中，即使是要育兒或看護的人也最好是讓她們持續工作，不要離職。

還有一個動向是將育兒和其他工作以外的經驗認定為職涯標籤。

假如是原本就為育兒階段提供商品和服務的企業，擁有這階段消費者眼光的人才就具備龐大的價值。

另外，兼顧工作和家務育兒的人追求高效的時間運用法，這份經驗也可望在職場加分。

比如傍晚五點必須去托兒所接小孩的人，為了在傍晚五點前結束工作，就要養成按部就班工作的習慣。

還有，要是職場內有一個員工要育兒，也會為周遭人士的工作型態帶來影響。比如要是孩子突然發燒，員工不得不早退，周圍的成員就要支援那位員工的工作。

這種工作方式在不確定性高的時代會發揮非常有效的功能。比起人人都能加班加個沒完的環境，職場中有要育兒的員工在，產能會變得比較高。

再加上將來年輕一輩的目標是兼顧工作和育兒，所以能夠兼顧工作和育兒的人才，也會變成這些員工的模範，真是好處多多。

那麼，職涯有空窗期的人，該怎麼找出復職之路呢？

關於這一點，網路就會發揮龐大的力量。比如向率先復職的前同事請教職缺資訊，或是在社群網站上聯絡積極錄用職場媽咪的公司人事負責人，就是有效的方法。

除此之外，我也建議各位參加專為職場媽咪設計的工作坊或活動。

總而言之，擁有職涯空窗期的人未必不利於轉職。現在許多公司容許彈性的工作型態，也有人雖然工時短卻受託重責大任，還有很多人成為出色的管理者。

職涯空窗期不是負面要素，反而該以正面心態，視為擁有「育兒經驗」這項寶貴的標籤。

第3章總結

・增加市場價值的基本觀念是「市場思維」。職場人士自身應有的價值，也要放在「市場」的標準下才可以測量。

・「○○工作一做二十年」的單一標籤經驗會有風險，當標籤的保存期限到來時就無法應變。因此，加乘多個標籤的觀念會愈形重要。

・要提高市場價值，目標就該是成為「許多企業想要的夢幻人才」。這會從標籤加乘應運而生。

・標籤加乘時，要將標籤分類表中「職務」、「技能」、「行業」、「經驗」及「職能」列舉的各個標籤縱向加乘。

・衡量自己的標籤該跟什麼標籤加乘時，要從「既有標籤和以外的標籤」、「隨著新興職業而來的標籤」及「熱門標籤」這三點考量。

・實際取得標籤的方法主要有兩種，那就是「從現職當中爭取能夠獲得標籤的工作」和「轉職到可以獲得標籤的工作」。

・將來判斷什麼工作要交給電腦的「電腦程式思維」會愈形重要。

第 4 章

洞悉業界——從「技能導向」轉換成「職務導向」

選擇行業就是選擇職務

沒有釐清職務就轉職，工作只會愈換愈辛苦

本書談過「釐清目標職務＝職務導向」的重要性。這裡所謂的「職務」就是職責。工作說明書或徵人啟事會揭露工作的責任範圍，說明對這個職務的要求，以及該達成什麼目標。

看了這個就會明白，職務絕不是和特定行業綁在一起，而是跨越業界的東西。

比如最淺顯易懂的就是業務人員。任何行業都有「業務」這個

職稱，也有關於業務的職務。

假如以職務的觀點思考，所有行業都可以放在選項表上。只要從中選擇成長中的業界，即可在轉職時一同升級職涯。

不過，現實社會中常會聽到「轉職到相同業界比較容易拿出成果」的說法，所以大家會誤以為「自己只懂○○業，其他行業就不適用了」。

待在一個業界的經驗愈長，「只能在這個業界謀生」的迷思和詛咒就愈強烈。

尤其是年齡到了三字頭或四字頭之後，轉換業界就會有心理門檻。無法預估自己所屬的業界之外是什麼情況，也沒有門路，想留在原本業界的傾向就會愈來愈嚴重。

假如轉職時被迷思束縛，抱持「先脫離現在的公司再說」的態度，就極度侷限了轉職去處的選擇。

要是沒有釐清目標職務就貿然利用轉職服務，就只有單方面被轉職仲介塞給公司的份。

缺人的職務也很多，狀況依公司而異。不問條件的話，就肯定會接受轉職仲介推薦的職缺。

轉職仲介藉由讓別人轉職獲得利潤，假如人才不斷轉換到缺人的職務，他們會比較開心。

這不是好壞的問題，而是在利用轉職服務時，一定要先知道這股力量的運作方式。否則就會聽了對方的話直接被塞進新公司，實際進入公司後也可能會很辛苦。

現在，IT工程師之類的人才明顯不足，因為仲介而讓不太適任的人進入公司的案例層出不窮。

「跟初學者差不多的人本來就很多，只要之後透過在職訓練學習技能，就可以設法撐過去了吧。」

轉職仲介和採納提案的公司都像這樣把事情看得很天真。

的確有人進了公司後就奮發向上，學習技能並獲得成長。不過大多數人在實際進入公司後，才愕然發現技能完全不足以勝任。

周圍的同事也會以「為什麼這樣的人會加入」的眼光看自己，精神被逼到極限的案例不在少數。這種不適任對本人和對公司來說都是不幸的。

雖然我贊成跨界的職涯轉換，但無論是轉職到同樣的業界，還是跳進不同的行業，都要記得釐清目標職務。

以職務為導向，異業轉職一點也不難

一個人考慮轉職的原因之一在於「想要提升收入」。

為了提升收入，就需要轉職到銷售額和利潤正在成長的公司。因為薪水或獎金是從公司的利潤產生出來的。

假如相同業界的薪資水準有極限，或是能在目前的公司獲得比業界水準高的收入，要透過在業界內轉職提升收入就會很困難。

換句話說，站在提升收入的觀點，跳到成長中的行業會比較有利。

再重申一次，關鍵在於釐清目標職務。只要釐清職務，也就可以活用現在手頭上的標籤並且同時跳到新業界。

請試著用自己現在手頭上的標籤搜尋徵才訊息。其他業界可以找到自己目前從事的職業嗎？

需要相同標籤的行業和職業不只一種，比如企業業務就是如此。其他業界的行銷職業或跟顧客支援相關的部門，有時也需要這種經驗。

前面提到的A先生，他可以選擇轉職到其他業界徵求企業業務職的公司，但也能轉職到其他業界招聘顧客支援相關職務的公司。

任何行業只要以「職務」橫向貫串，就可以看出與不同業界的關係。以職務為導向選擇行業，選項的範圍就會擴大。

本書要再三重申，假如在其他業界發現自己認為通用的職務，要不要實際應徵看看呢？

要不要實際進入公司是自己的自由，所以試看看是否能夠獲得工作邀約。實際行動一下，就能親身體驗自己能夠橫跨什麼業界。

鎖定在一個關鍵點上

選擇行業時，要先列出自己工作上重視的三個項目。比如「收入」、「自由的時間」、「通勤時間短」、「彈性工時」或「在家工作」等，什麼都可以。

選擇第一名到第三名之後，就鎖定在其中一項上。

我在做轉職諮詢時，只要說出「鎖定在一個重視的項目上」，幾乎所有人都會陷入沉思，無法好好鎖定一個項目。

其實，鎖定在一個項目上是很大的關鍵。

不只是職涯，企業經營和私生活也是如此，假如什麼都想要，最後就沒辦法選擇，容易陷入「轉職好麻煩，維持現狀就好」的結論。

只要鎖定在一個項目上，那就會變成自己現在職涯的主軸。只要主軸能夠固定，自然就會看到方向。接著再想想「哪個業界能以最簡單的方式實現最重視的項目」就行了。

這樣一來就可以判斷了，比如「我就是想增加私人時間，所以要轉職到成長率差強人意卻很穩定，而且不太忙碌的行業」。

另外，要以什麼為職涯的主軸，也會因人生階段而變化。通常人生中大概會變化三到四次。

職涯的主軸不要從一而終，而是該彈性思考。以我來說，就曾經把致力於日本行動網路作為主軸，這個主軸從一九九八年到二〇一七年，橫跨將近二十年不變。後來這個主軸終於迎來壽命的終點，於是就為了建立下一個主軸而轉職。

完全不知道該以什麼為主軸時，可以尋找理想工作型態的模範人物，將那個人的職涯主軸代入到自己身上。

不過，決定主軸的終究是自己。雖然可以參考別人的職涯，最後還是要記得憑自己的意思決定。

業界選擇框架①

鎖定業界

STEP① 鎖定業界

轉職之後，就會經歷工作方式和其他各式各樣的變化。該記住的事情也很多，剛開始應該會覺得非常辛苦。

因此，我不會大力贊成同時改變行業和職務的異業轉職。衡量轉職問題時，基本上要採漸進轉移的方式，選擇「同樣的業界卻不同職務」或「同樣的職務卻不同行業」。

首先要針對鎖定業界的情況想一想。

假如要拿出具體的例子，我在 Yahoo 工作的那段時間，就頻頻看見以設計師或工程師身分工作的人，獲得類似協理或產品經理的職務，然後轉職到同業的其他公司。

尤其是對於IT類產品經理的認知還有個共識，那就是擁有工程師背景，知道製造原理的人比較容易發揮表現。

就我本人記憶所及，當時 Yahoo 的產品經理（公司裡稱這個職務為「服務經理」）充斥很多工程師出身的人。以往是以文組畢業的策畫專員居多，後來則有一半以上換成工程師出身的人才。

結果就會實際感受到設計師或工程師與業務人員溝通和運用所長時，事情進行得非常順利。

這就是鎖定業界但改變職務的一個例子。

STEP② 選擇的職務要能獲得提升市場價值的標籤

想要鎖定業界，轉職到不同的職務時，原則上要瞄準需求多的「熱門職務」。

話雖如此，但若市場中的熱門職務離現在的自己太遠，一下就跳到那個職務就會很危險。這時就該建立策略，經由兩步驟轉職抵達目標職務。

另外，誰也無法預測職務的保存期限。現實中很難看準五年後或十年後的發展再選擇熱門職務，還不如先思考自己五年後或十年後會變得怎樣。

轉職到新工作之後，想要獲得什麼標籤呢？根據這項標籤，下一步要以什麼職務為目標呢？理想的做法是事先想像兩步之後的職務和職涯路徑。

假如職涯路徑的願景清晰可見，即使眼前的職務一般來說並不熱門，也是自己心目中的熱門職務。只要能夠獲得提高市場價值的要素，就可以斷言這是熱門職務。

請先想一想為了讓自己成為頂尖人士，需要什麼要素。或許是經驗，或許是技能和學問。比方說，要是無論如何都需要MBA這個標籤，就有必要在企管研究所學習。或是假如需要管理的經驗，則只要擔任跟管理有關的職務就行了。

這裡要再三重申，自己是否為頂尖好手終究取決於市場。從徵才市場確實需要的人才和自己的現狀之間的落差，找出自己不足的要素，再努力填補。我們要意識到這項觀點。

另外，假如可供選擇的職務不只一種，與現在職務的距離也幾乎相同時，只要觀察職務和職涯主軸的整合性，應該就可以自行安排優先順序了。

比如「提升收入」主軸很明確的人，就可以選擇收入最高的職務。

不過，就算藉由這次轉職提升了收入，但若沒有下次轉職的機會，也就本末倒置了。選擇職務前，原則上還是要先看清五年後或十年後的發展。

業界選擇框架②

鎖定職務

STEP① 鎖定職務

考慮轉職到其他業界時，要記得將目前的職務鎖定在某個程度。

我周遭也有很多人鎖定職務，轉職到相近或不同的行業。LinkedIn當中擔任我部屬的人，有相當大的比例是第一次接觸網路業界和外商公司。比如其中就有人上一份工作是從事半導體的B to B銷售。

要在 LinkedIn 工作，無論如何都必須具備英文技能，所以有時也會大範圍招聘人才。

從其他業界轉職過來的人，從剛開始三個月到習慣為止會很辛苦，但只要渡過這段時間，就會確實成為能大展身手的戰力。

談到轉職到其他業界，相信也有人會覺得年齡是個障礙。的確，不可否認現在日本的趨勢認為三十五歲或四十歲以前是跨業轉職的「退休年齡」。

追根究柢，為什麼會產生這種趨勢呢?因為一定年齡以上的轉職，原本是意味著「轉職為管理階層」。

管理職的工作會隨著業界或公司不同而天差地遠。管理階層的人要異業轉職時，會有難以適應的問題。事實上，因為將上一份工作的管理方式照搬過來而在新職場失敗的現象並不罕見。

所以公司會設下不成文規定，「假如要異業轉職，擔任管理職人員的年齡就有界限」。

然而，現在的趨勢正往不太過問年齡的方向轉型。如今許多公司重視的是藉由嘗試或學習新東西而獲得成果的經驗。

假如這項經驗能夠獲得認可，即使到了四十幾歲，也能讓對方認為「這個人懂得靈活學習，進公司後也只要短期密集教育，就可以馬上變成戰力」。

原本外商公司錄用員工時就已經不會求證性別或年齡，要核驗的只有職務經歷和本人的應答（當然也會同時進行參考資料核驗）。美國或歐洲的現任專業人員不分年齡，都在努力工作。

我自己多半不知道在 LinkedIn 工作的人實際年齡幾歲。雖然可以從大學的畢業年度推測，但除非直接詢問本人，否則無法確認年齡。

今後可以預期的是，即使是日本的公司，「工作〇年後就當部門組長或經理」的慣例也極可能會急速崩解。

原本管理就和年齡沒有關係，只要擁有技能，無論幾歲都可以管理。因此，將來的管理職人員會需要管理年長人才的技能。考慮轉職到其他業界時，必須先瞭解這樣的現況。

STEP② 選擇的業界要能獲得提升市場價值的標籤

鎖定職務再異業轉職時，要認知到自己是否能夠獲得提升市場價值的標籤。

對我來說，這次轉職到 LinkedIn 就要歸類為跨業界轉職。與其說是IT業界，不如說是在看起來像一般人力資源行業的公司工作，剛開始三個月該記住的事情也很多，感覺有點辛苦。

而且還要參與以往幾乎沒做過的業務相關工作，感覺真像回到剛畢業時，從頭學習工作一樣。

自己製作 PowerPoint 的資料，然後拿去顧客那邊做簡報。這樣的經驗件件都很寶貴，用現在的話來說，就是讓我實際感受到自己完全獲得「B to B業務」的標籤。

另外，選擇成長中的行業，也能輕鬆獲得價值高的標籤。

就如前面所言，現在嘗試藉由異業加乘，努力發展新事業的開放式創新正在加速進行。話雖如此，事情卻沒有簡單到單純異業結盟就能合作的地步。

每個行業都有相關知識，藉由讓橫跨兩者的人才當中間人，結盟就會產生價值。這種創新人才在徵才市場中非常少見，任何公司都會器重他。

看了開放式創新的進展就會知道，幾乎所有案例都是以IT為加乘的基礎。這也是IT連年成長的證據。

比如機器人領域中有個趨勢是學習昆蟲行為學，就能看到昆蟲學家與機器人研究人員共同研究的案例。

另外還有摺紙研究人員參與太空工程領域的案例。因為太陽能板和其他構造物需要裝進火箭當中，於是將物體折疊縮小又攤開的技術就受到重視了。

類似這樣合作的前例不勝枚舉。

由此自然可以發現，選擇IT相關的業界，即可輕鬆獲得市場價值高的標籤。

瞭解哪個職務正當紅

定期搜尋徵才資訊

目標職務是否熱門取決於供需均衡。假如需求超過供給，就可以說這個職務當紅。感覺就像是拍賣會，競標者一多，價格就會抬高。

日本正進入勞動人口減少的局面，所有的職務基本上都會愈趨熱門。不過，想知道其中最熱門的職務，觀察徵才資訊是比較簡單的方法。

公司公布徵才資訊，就表示至少那個職務是有需求的。不過，與其擷取瞬間的狀況，還不如像定點觀測一樣持續檢視就業市場動向，比較能夠獲得更正確的判斷材料。

只要定期檢視徵才資訊，就會發現持續空缺、一直沒有補人的職務。

這種情況有幾種原因。比如該職務的門檻太高，原本從事的人就少之又少。或是待遇黑心，人事更迭激烈。還有可能是該公司要求什麼特別的條件。

換句話說，觀察徵才資訊不僅會知道職務的熱門度，也是瞭解公司本身非常重要的資訊來源之一。就像就業統計是觀察景氣的關鍵指標一樣，個別的職務也會真實反映公司的業績。

基本上，持續積極錄用員工的公司可望會持續成長。相反地，某段時間內大張旗鼓地招聘員工，後來卻突然停擺，則代表該公司業績急速停滯或惡化。

我在上一份工作參與創業投資時，為了調查非上市公司的狀況，定期觀測徵才資訊。假如一間公司在尋找特定領域的相關人才，就可以推測該企業意圖籌辦某個新事業。

若要拿出具體實例，我在相當早的階段就預估亞馬遜要開發智慧音箱。因為我查到亞馬遜有段時間在徵求擁有硬體經驗或語音辨識的工程師。

我還記得後來「Amazon Echo」釋出時，就在想「當時錄用人才是為了製作這個嗎？」。

推動事業的終究是「人」。因此，就算資訊揭露再怎麼消極的企業，也不得不刊出徵才資訊。

徵才資訊會準確呈現公司的現在和將來，建議各位在正式研究如何轉職到感興趣的公司前，要先定期檢視徵才資訊。

另外要記得別貿然跳進空缺的職務中，而是要在某種程度上瞭解那個職務為什麼熱門，再下定決心轉職。

利用職涯顧問

直接詢問職涯顧問是瞭解熱門職務最有效率的方法。職涯顧問的工作是接受公司的委託尋找人才。所以會擁有最新的資訊，知道現在正需要什麼人才。

假如直接問他們「現在哪種工作的市場價值高」，就會獲得熱門職務的相關資訊。

我本人轉職到 LinkedIn 時，就主動聯絡獵頭公司請教問題，接觸傳說中的獵頭人員蒐集資訊。還記得那是一次非常有意義的會談。

原本我對企業董事層級的轉職該怎麼實行幾乎一竅不通。詢問的過程中，才知道業界也有手段高超的獵頭公司。比如某家知名公司的新任總裁是由誰誰誰說動的。

從這種優秀的獵頭人員身上，即可獲得五花八門的資訊。而且印象中願意仔細傾聽的人很多。

當時的我擁有工程師的背景，還當過上市企業的董事，所以對方就建議我擔任異業的CDO（Chief Digital Officer，數位長）、CIO（Chief Information Officer，資訊長）或CTO（Chief Technology Officer，科技長）這些職務，像是推動傳統化妝品公司IT化負責人之類的。

這些職務即使在IT產業以外的業界需求也非常高，可知是熱門職務。當時因為職務離自己的職涯主軸太遠，所以沒有進展到實際面試，但在瞭解職務市場價值的意義上是非常大的收穫。

要怎麼選擇合適的職涯顧問諮詢？

聯絡職涯顧問時，我會建議一開始先去找隸屬於大型仲介公司或人才招聘業的人。

說起來，付費人才仲介業只要獲得認證，即使是類似個人的一人公司也可以運作。其實，當中也有人暗自利用獵頭服務，凡登錄者一律傳送訊息，企圖讓人先轉職再說。

轉職業界稱這種人為「不良獵頭人員」。

這種人特別愛以副業或自由職業（Freelance）的身分替外商公司獵人頭。他們只要成功獵到兩、三個人，就可以獲得足夠生活一整年的報酬。要我來說，那就像是從事季節性的打工一樣，反正就是在短期內拚命送人進企業。

這種不良獵頭人員完全不關心轉職者的長期職涯，感興趣的只有讓那個人轉職。

我不太建議各位接近這樣的人。

假如搜尋公司名稱也沒出現任何資訊，或透過 Gmail 等免費信箱跟你聯絡，就是要警戒的信號。

與職涯顧問會晤前的準備工作

與職涯顧問會晤時，要記得將履歷表更新到最新的狀態，以便能直接說明。

懂得回顧自己的職涯，既誠實又有條理地說出每個特定時期

「做了什麼工作，達成什麼目標」，就會變成一大強項。

面對自己並確實拿出成果，將這些呈現給第三者的能力，是在商務上不可或缺的資質。

依我看來，許多日本人很靦腆，最怕談到自己的成就。哪怕達成什麼目標，也往往會說「這不是我的力量，而是團隊齊心協力的結晶」。

自己一個人無法達成所有目標，這的確有道理，但在正當範圍內為自己拿出的成果感到自豪也很重要。

「以前我以○○的身分參加這項專案，達成□□的目標。當時的經驗有助於現在△△的工作。」

要記得像這樣主張自己的成果，不要過於謙虛。虛張聲勢地誇大成果會是問題，只要以平常心誠實說就行了。

對自己的工作有自信，擁有身為專家的自覺，這是轉職的必備要素。因為以公司的立場也想積極錄用樂觀正向的人。

其實，世上幾乎不存在百分之百滿足工作描述要求的人。公司在錄用員工時，早就考量到每個應徵者都有不足之處。

即使如此，最後還是會有人獲聘。假如公司覺得即使有欠缺的要素也可以彌補，就會錄用。

因此，就算自己有欠缺的要素，還不足以應徵職務，也無須悲觀看待。

我們要以「或許這個部分還不足，但在進入公司後要努力彌補」的態度面對，而不是「有點搞不懂自己能否勝任這個職務」的態度。

瞭解哪個行業會成長

只要看業界龍頭公司的財務報告摘要就行了

要辨別哪個行業在成長，一個有效的方法就是查看IR的資訊。IR泛指企業專為投資人或股東提供有關經營狀態、財務狀況或其他投資資訊的活動。

假如是上市企業，就一定會公布銷售額或利潤的相關資訊，而且任誰都可以瀏覽。

我建議各位要特別去看年度財務報告（又稱為年報）。

企業會透過年度財務報告，向投資人赤裸裸地揭露自家公司的強項和弱點。

即使是沒有義務提出財務報告的企業，只要它是特定大企業的子公司，也會在母公司公開的財務報告當中，提及關於子公司的狀況。看了這個之後，就可以對那間公司正在面臨的狀況有所掌握。

要詳細分析財務報表或許很難，不過年度財務報告的開頭前幾頁，通常會以淺顯易懂的聲明描述企業的狀況。

只要看了開頭前幾頁相當於摘要的部分，即可知道業界整體的市場規模、日後的成長潛力，該公司正在面臨的狀況或其他相關資訊。

首先，業界的市場規模是一項重要的指標，能夠判斷出這塊餅愈大，商機就愈大。

至少不管哪個業界，龍頭企業多半都會上市。我敢斷言，單憑閱讀業界龍頭公司的年度財務報告，就會對該業界的研究幫助甚大。

年度財務報告是觀察業界龍頭企業最有效率的工具。

話雖如此，但若看的是業界第二名以下的企業，就會發現描述到「威脅」的部分，一定會提到業界龍頭。既然是以「要怎麼勝過業界龍頭」的觀點描述，從業界整體的展望來看就會出現偏頗。

轉職資訊幾乎都有所偏頗

轉職網站或公司的官方網站，概括來說清一色都是宣傳網頁，只會刊登對那家公司有利的資訊。

但是，光從這種帶有偏頗的資訊來源獲得資訊就滿足的人，卻出奇地多。

反觀財務報告，則連自家公司承擔的風險或弱點都會詳細描述。因為企業必須向投資人揭露風險。

比方公司經營化學工廠，連解決環境問題的對策要花多少成本，其成本為經營帶來的風險都要揭露出來。單憑仔細解讀這些描述，也可以獲得相當多的資訊。

另外，關於競爭狀況的資訊，也是瞭解該行業成長潛力的重要關鍵。

舉個淺顯易懂的例子，假設現在看的是百貨零售業中最大型公司的年度財務報告。

其中提到整個百貨公司業界約有六兆日圓的市場規模（二〇一九年）。但也應該會描述到亞馬遜、Yahoo 購物及其他新興電商的成長，造成百貨公司業績增長減緩。總而言之，因為世人透過網路購物，使得百貨公司的銷售額低迷不振。

「新興勢力導致業界的大餅遭到侵蝕，即將成為威脅」，從相反的觀點來看，就是新興勢力正在成長。

只要知道這項資訊，即可判斷「正在成長的電商產業比較有機會」。假如再實際調查電子商務的相關資訊，或許就會發現貼近目前職務的工作。

這種俯瞰業界整體的觀點是很重要的。

轉職之際真正可靠的資訊來源

我自己原本也曾和一票人創過業，對企業的動向相當關心。「這家公司僱用了這麼多員工，為什麼利潤會成長呢？」當時我從這樣單純的疑問出發，閱讀《企業四季報》或《業界地圖》＊之類的刊物，但是上頭刊登的都是不著邊際的內容，很少出現逼近核心的見解。後來才終於發現關鍵在於年度財務報告。

＊兩者皆為東洋經濟新聞社發行的刊物，《企業四季報》每三個月（一季）發行一次，內容包括上市企業的各種情報；《業界地圖》則是以年度為單位，剖析日本各行業及公司的現狀，並預測未來景況。

我從求學時就持續將閱讀年度財務報告當作一種興趣。就連求職時也一定會仔細閱讀財務報告，再參加公司說明會。關於企業，我比主持說明會的人資人員更熟悉。

當時我根據企業的概況，提出很多關於細節的問題，現在看起來，就是個相當難纏的求職新鮮人。

總之，只要查看年度財務報告，應該就可以輕易明白「為什麼公司在賺錢」了。

年度財務報告以外的資訊來源，基本上都是從網路獲得的資訊居多，但我會查看《日經新聞》本報、《日經產業新聞》、《日經流通新聞》及其他一系列日本經濟相關的媒體。

在關於日本經濟的資訊當中，我特別注意企業進軍新領域的動向，或是超越業界藩籬的開放式創新措施。

另外，我也留意到工作型態改革的措施。

今後勞動人口減少之際，要怎麼活用現有的人才，對於任何業界和企業來說，都一樣會是重大的經營課題。

將來在爭奪人才的時代當中，企業多麼照顧員工，理應會與公司的業績成正比。

為了留住既有的人才，積極改革工作型態和僱用體制的企業逐漸出現。業界在這樣的措施下會怎麼變化，這個狀況值得密切觀察。

第4章總結

- 假如思考問題時不以職務為導向，無論如何都要長期待在一個業界，就無法擺脫現在的公司，最後將會極度侷限轉職去處的選擇。
- 以職務衡量職涯，異業轉職就一點也不難。只要釐清職務，也就可以活用現在手頭上的標籤，同時跳到新業界。
- 選擇行業時，要記得先列出自己工作上重視的三個項目，再鎖定在其中一項上。否則就會常常陷入「轉職好麻煩，維持現狀就好」的結論，無法踏出轉職這一步。

- 同時改變業界和職務的轉職很危險。衡量轉職問題時，基本上要採漸進轉移的方式，選擇「同樣的業界卻不同職務」或「同樣的職務卻不同行業」。所以選擇業界的框架才會分為「鎖定業界」和「鎖定職務」這兩種。
- 瞭解哪個職務正當紅的方法有兩種：「定期搜尋徵才資訊」和「利用職涯顧問」。
- 轉職資訊幾乎都有所偏頗。要瞭解哪個業界在成長，最理想的方式是「閱讀業界龍頭公司的年度財務報告的摘要」。

第5章

洞悉公司
──選工作要看「綜效」而非「公司」

看綜效選公司

看公司選工作，將會極度侷限下次轉職的可能性

這一章想要談的是選擇業界和職務之後，如何選擇實際的公司。

第一章說明過看綜效選公司而非看品牌的重要性。這裡要再次重申，看公司選工作的缺點在於極度侷限下次轉職的可能性。

覺得「在知名公司工作」有價值的人，轉職時也會想要以知名公司為目標。公司的知名度高，準備的職務又適合自己，只要思考這種情況的機率，就會發現除非有特殊的理由，否則很難下定決心

轉職。

另外，第四章提過要以職務導向選擇行業，但若不能與轉職的公司發揮綜效，就無法享受職務的價值。

這裡要再次說明，所謂的「綜效」是公司和勞動的個人在正面意義上互相利用。

以往只會強調「公司怎麼活用人才」，缺乏「員工怎麼利用公司」的觀點。然而，將來公司和個人會建立平等的關係，彼此在正面意義上互相利用的關係就會很重要。

個人擁有某些目標，利用公司作為達成目標的場所。活用手頭上的標籤拿出成果的同時，就會獲得新標籤。

相對地，只要員工能發揮表現，公司的態度要能允許員工不斷利用公司。

彼此在承諾的期間內全力貢獻，盡到彼此的職責，選擇離開也不是問題。

假如將來工作型態以專案為基礎，工作流動性提高，所追求的僱傭關係就必然會像這樣，以公司和個人的綜效為立基點。

有能力的人常透過業務累積經驗，期盼能夠提升技能。他們希望在承擔龐大挑戰的公司中發現工作意義，待在沒有挑戰的公司則無法達成想實現的目標。

比如，工程師轉職到想要建立新事業的公司，再趁著事業上軌道的時候，轉進別家公司。這種選擇公司的方法可望會逐漸增加。

什麼是能夠獲得綜效的公司

要注意公司文化是否適合自己

從現在開始，公司文化是否適合自己，也會是獲得綜效的一個非常龐大的要素。

對於錄用的公司也好，勞動的個人也好，沒有企業文化契合度（Culture Fit）就會害彼此萬劫不復。當然，既然是人類，要百分之百契合是不切實際的，但可以要求彼此努力磨合到可以接受的程度。

現在許多公司透過一般網站、社群網站或其他線上管道，發布訊息透露企業自身的營運方針或所重視的價值。從照片或其他視覺資料，也可以一窺平常工作的情況。

看了這些訊息之後，應該就能大致想像公司文化適不適合自己。比如以日本來說，就會感受到 Mercari、CyberAgent 或 GMO＊這些公司在企業文化上的獨特性。有的人適合這種公司，有的人則絕對合不來。適合與否和好壞的問題完全無關。

但有一件事絕對可以斷言，那就是「不該在不適合的公司工作」。

近年來，企業評論網站的資訊也很充實。

假如要舉出代表性的例子，就有「OpenWork」、「轉職會議」、「en Lighthouse」（原名為「公司的評價」）及其他評論平臺。除了這些管道之外，詢問實際在該企業工作的人，以綜觀角度掌握公司的氣氛也是關鍵。

附帶一提，公司的選址多少會和企業文化連動。尤其是大型企業會鉅額投資辦公室，往往會將地點和文化聯繫起來。有的企業看重大手町鮮明的色彩，有的企業則重視像涉谷一樣年輕活躍的氣氛。

我本人在 Yahoo 工作時習慣了公司的氣氛，即使穿著六本木風格的休閒服也沒關係，但在轉到 LinkedIn 之後，就要在丸之內的辦公室工作。新冠肺炎疫情以前，我穿著涼鞋和 T 恤漫步在丸之內一帶，就常被誤認為是外國旅客而不是上班族。與人稍微相撞，對方就用英文道歉，還遇過別人用中文問路。

不過，最近遠距工作也加速發展，許多中小企業或新創企業會選擇兼顧成本的辦公室，選址的參考價值就不大了。要求租金便宜

*作者此處列舉的三家皆為日本網路公司，企業文化與傳統企業較為不同。

和空間寬闊的結果，就會看見許多新創企業集中在東京五反田的現象。

這樣的案例中，地點和企業文化的連結就很薄弱了。

有些人適合大企業，有些人適合新創公司

有些人容易在大企業發揮綜效，有些人則容易在新創公司發揮。喜歡在既定的職責中好好工作的人，就可以說是適合大企業。相形之下，想要超越職責範圍挑戰新工作的人則適合新創公司。

假如後者去了大企業，就會覺得拘束。這也是因為若在大企業中做出超越職責的行動，別人多半會認為「這是在搶走別人的工作」，反而不會獲得好評。

新創公司內部的職務流動性高，兼任人手不足的職務和現有職務的機會也很多。兼任的過程當中，新職務變成本業的情況也不罕

見。另外，還有機會自己創造職務。

其實我周圍也有明顯的例子，新創公司的人，有的大幅改變工作內容，有的則在公司內做過新職務後，再轉職到其他業界。這對想要換個業界或職務的人是有利的環境，是大企業沒有的優點之一。

附帶一提，在美國等地經營過新創公司而失敗的人，會在就業市場上獲得很高的評價。雖然這是因為尊重創業經驗的文化，但同時也是認為「失敗經驗」是寶貴的標籤。

原本新事業就有九成以上會失敗。換句話說，失敗是理所當然。而經歷過一次強烈失敗的人，在同樣的局面下失敗的風險就會微乎其微。能夠有條不紊地說出「為什麼過去的自己會失敗，下一次要怎樣才可以成功」的人，很可能會為公司帶來價值。

在日本，容許失敗的文化還沒有深入人心，但以新創公司為中心的失敗經驗逐漸獲得重視，這也是事實。創業過的人以新創公司為目標也是一個方法。

從四個觀點洞悉優良的新創企業

要洞悉成長的新創企業有幾個重點。

第一個重點是拿正在成長的市場試水溫。最近經常聽到「〇〇Tech」這個詞。「Tech」是Technology（科技）的簡稱，意思是某些領域和技術的結合。

比如與Finance（金融）結合後的「FinTech」（金融科技），相信各位就聽過這一類的詞。

許多成長中的新創企業意圖在市場規模夠大的行業，藉由與科技結合抓住機會。

市場規模大又具有成長潛力的典型事業是EC（Electronic Commerce，電子商務），就是運用網路的零售業。根據日本經濟產業省二〇二〇年七月公布的「令和元年建構內外經濟成長策略相關國際經濟調查事業報告書（關於電子商務的市場調查）」，二〇一九年日本國內EC的市場規模為十兆五百一十五億日圓，是去年的百分之一百零八點九。與五年前相比擴大約一・五倍。

然而，表示EC占整個零售市場比例的「EC轉換率」，在二〇一九年為百分之六點七六。雖然確實年年成長，但整個零售市場的規模高達一四〇兆日圓，EC還只有百分之七。

今後要是EC轉換率擴大為百分之二十、百分之三十，單憑這些就等於分食了幾十兆日圓的巨大市場。換句話說，企業在這種成長中的市場試水溫就會有前景。

因此，遇到挑戰「〇〇 Tech」的新創企業，就要調查原本業界的市場規模。市場規模的大小會是一個評估的標準。

第二個重點是把創投公司當作判斷新創企業的要素。就如一二九頁提過的一樣，創投公司是新創企業的後盾。

基本上有新潮的新創企業，就會有新潮的創投公司出資。以日本來說，就有GLOBIS、集富（JAFCO）、Incubate Fund或YJ capital這些以往實際培養各大公司成長的創投公司。假如這些創投公司投資某公司，就可以單憑這一點判斷該公司的商業模式沒問題。

接著還要考量的第三個重點是產品。總而言之，就是要記得親自試用企業提供的產品或服務。

或許有的服務像線上診療一樣，沒辦法光靠感興趣就使用，不過驗證自己對公司、產品或服務的共鳴程度，對於在新創企業工作上意義非凡。

比如在Mercari＊工作的人，就會使用Mercari並對服務有共鳴。尤其是在創業初期進入公司的人當中，就有很多人相信「Mercari比Yahoo!拍賣方便，總有一天應該能贏過Yahoo!拍賣」。

假如親自試用企業的產品後能夠引發共鳴或感動，進入公司之後的動力也應該會持續下去。

新創企業的業界當中會使用「產品市場媒合度」（PMF，Product-Market Fit）這個詞。顧名思義，就是產品適合市場的狀態。總而言之，只要自己覺得這項產品好用，周圍也有同樣感覺的人，就可以推測這項產品能夠獲得市場接受，成長的可能性高。

而第四個重點則是能否與經營者、願景和使命共鳴。

尤其是最近的新創企業會建立非常堅定的願景和使命，也會賣力宣傳，所以也必須注意經營者本人是否認真宣傳他們的願景和使命。

願景和使命一定會刊登在公司網站上，當然也會透過各種媒體宣傳。除此之外應該也會藉由LinkedIn、Twitter、note或其他社群網站發布訊息。接觸這類資訊，事先確定是否能夠共鳴，才是理想的做法。

＊一間日本網路公司，以旗下同名的二手交易平臺為主要業務。

要小心只有經營者顯眼的新創企業

最好也在可以求證的範圍內查核由經營者以外的各個員工發出的訊息。

訊息有沒有傳達出員工開心工作的樣子是一大重點。也可以藉由面試的機會，詢問面試官關於願景和使命的問題。

成長中的新創企業，不管詢問哪個員工，願景或使命都已深入人心。因此，經營者和員工不會對內容產生齟齬。

反過來說，要是詢問現場員工願景和使命時，他們的回答含糊不清就要小心了。這種情況下，經營者有可能是獨斷獨行的人，以自命不凡的心態經營公司。

雖然基本上新創企業經營者的存在感會很大，不過還是團隊經營的公司比較值得期待。經營者一個人能做的事情有限。

只有經營者顯眼的新創企業往往會在中途失去生機。反倒是成長中的新創企業，經營者瞭解自己的極限，任用比自己優秀的人才，擔任CFO（Chief Financial Officer，財務長）或COO（Chief Operating Officer，營運長）的要職。另外，提早設置CHRO（Chief Human Resources Officer，人資長）之類的職位，致力於任用或人事的公司，也多半也會穩健成長。

而實體辦公室也是容易展露新創企業方針或風氣的重點。

現在也有因新冠肺炎疫情而退租辦公室的趨勢，但最近的新創企業多半都會大力投資辦公室。只不過，過度投資的公司是不是好企業，就要打上問號了。

明明規模沒擴張得那麼大，產品也不是家喻戶曉，卻不知為何要在銀座的黃金地段成立辦公室，櫃檯也異常寬敞，看到這樣的新創企業，老實說會讓人感到不安。

要是出現在總裁採訪報導上的總裁辦公室大得離奇也會啟人疑竇。正派經營者會投資在員工用的辦公室環境上而不是總裁辦公室，因為他知道員工發揮表現之後，公司就會成長。

除此之外，辦公室裡是否整理得很乾淨，打掃是否徹底，這些地方也不要放過。員工積極工作的公司，會全力保持共用空間整潔以便提升產能。要是沒辦法做到這一點，也許就該懷疑是不是出了什麼問題。

或許只有在進去辦公室面試的機會才可以審視這些細節，但也應該留意觀察。

「正在成長卻沒那麼引人注目」的新創企業才是最好的

就算要以一句話形容「新創企業」，公司也會因創業經過的時間或人員規模而天差地遠。

新創企業經營者之間的對話中經常出現「五十人門檻」、「一百人門檻」。每個階段的經營方式完全不同，於是如何跨越門檻就成為挑戰。

創業初期，員工在五十人以內時，工作者的職務非常具有流動性。這段時期要求的工作型態是「自己創造工作，任何工作都要應付」。

習慣被動工作型態，「忠實完成交辦工作」的人，要是跳進創業初期的新創企業，就會覺得痛苦。

員工差不多超過一百人時，公司就會有一間公司的樣子，嚴格制定願景、使命或其他工作相關的規定。

這個時期進入公司的人，工作形式就和一般中途加入公司的人相同。只不過，公司還正在經歷重大的反覆試驗的階段，若非是能主動發現並改善錯誤的人才，想必就很難適應。

一旦新創企業規模超過三百人，也就會躋身股票上市之列，工作環境就跟普通的中小企業一樣。新創企業需要的工作方式會像這樣因規模而異。

或許本書的讀者適合進入展現某個程度的成長、規模一百人左右的新創企業。這個規模的公司「正在成長卻沒那麼顯眼」，處在市場上鮮為人知的位置。因為正在成長卻沒那麼顯眼，要承擔無法如願吸引人才的困境，往往沒有那麼突出的優秀職員。

要是進了這樣的公司，捲入激烈競爭的顧慮也就少了，可以在悠然自得的環境中拿出成果。只要拿得出成果，能夠晉升的機會也就會增加。

不過，這只是一個判斷標準。

新創業界中，當公司成長到某個程度時，從草創期就進入公司的員工會說「要是現在我去接受我們公司的面試，絕對沒有辦法錄取」。

總而言之，公司成長到最後，就會不斷吸引優秀的人才，員工的水準就會上升。雖然這件事要實際詢問員工才能得證，不過員工會這樣發言的新創公司，肯定是間優秀的公司。

另外，從大企業轉職到中小企業或反過來時，有可能會因為公司規模落差太大，而對環境變化不知所措。

這也是當事人接受度的問題，能放心轉換工作的人無須太過擔心。只不過，大多數人最好要有多少會吃點苦頭的心理準備。

尤其是從大公司轉職到規模非常小、只有幾個人的公司時，落差就會太大，要花點時間適應。

小公司有許多連瑣碎的工作都自己來的機會，這是大企業不會做的。即使在新創企業，要處理的工作基本上也不起眼，常要以走鋼索的方式經營。

每個人工作時都要具備當事人意識，沒有這種心理準備就行不通。希望各位瞭解這一點再做選擇。

轉職到外商公司的考量

雖說是外商公司，實際狀況也是五花八門，但若先以大方向來說，就是徹底的職務導向。

基本上，外商公司的工作會明確記載在職務說明上。要求新鮮人進入公司前，跟經理仔細溝通和確認交辦的職責或期待的成果。

反過來說，就是外商公司認為超過職務範圍的行為不太好。

日本公司認為一個員工能屈能伸、處理各種工作是美德，但是外商公司（尤其是美國的公司）則極有可能給予負面評價。要是超出職務的分際，看起來就像是意圖搶走別人的職務。

日本公司和外商公司對於超過職務範圍的見解不一，前者視為優點，後者視為缺點。日式僱用制能在公司裡體驗各種職務，就這個意義來說也有好的一面。

所以，關鍵並不是兩者的好壞，而是瞭解和適應其差異。要在外商公司做超出自己職務的工作時，就必須鄭重說明「為什麼這樣做」，讓對方瞭解狀況。

記得我本人轉到 LinkedIn 這家外商公司上班時，公司就事先詳細說明過工作型態的差異。

比如，縱向關係強烈的日本公司，通常會以上意下達的方式工作。而外商公司特有的工作型態則是以專案為本，同時與其他部門合作，這對目前的日本公司來說還很新鮮。

幸運的是，我在 Yahoo 累積了跨公司領導專案的經驗，所以可以放心挑戰這一點。

另外，進入公司之後我還有感受到一個很大的落差，那就是「假如自己不行動，工作就完全沒有進展」。自發行動在我們公司會稱為「掌握主導權」。

日本公司是憑某種共識在做事，由上司身先士卒。反倒是部屬對僭越的行為敬而遠之，常常要看上司的臉色，但外商就不同。

自己召集眾人會談後，要是沒有秉持相當堅強的意志行動，就會陷入僵局。

在外商公司，經理是教練，遇到困難時會提供建議或支援，不過基本上只會旁觀部屬工作。想做的工作必須由自己主導進行。

這是我剛開始在LinkedIn第一年面臨的障礙。原本還在想「上司會幫忙推動工作嗎？」，結果不管等再久都完全沒進展，後來別人還勸我「自己想做的事情要更大聲疾呼才行」。

另外，或許會讓人意外的是，外商非常重視「事先溝通」。

那也是因為日本公司認為組織＝認可的標準，一切都應該要獲得眼前上司的認可。

反觀外商公司，則會交託和職務有關的責任，比如業務預算和行銷預算的決策者就不同。

尤其是他們會在公開場合自由地陳述意見，假如沒有事先溝通，獲得贊同，反對意見恐怕會在會議現場爆發，弄得無法收拾。

因此，就必須運用公司內部的網絡從四面八方事先溝通。理論上要在開會協商之前反覆詢問是否沒有異議，確定各路人馬都同意。

我也在進入公司後不久，一心努力建構公司內部的人際網絡，當新人進來時，就全力支援對方建立人際網絡。

再者，外商公司說謝謝和誇獎個人的文化也深植其中。日本人缺乏誇獎別人的經驗，我自己到現在也還覺得不自然。然而，到了外商就必須先積極主動地誇獎對方。

「當大人物在會議上時，我必須誇獎那個人。」

「必須在電子郵件上寫句話傳達謝意。」

其實，一天到晚在乎這種事的就是外商公司。要是沒這樣做，對方就會立刻感到失望，下次就沒機會獲得協助了。

再重申一次，要討論這種落差的「好壞」之前，企業文化的差異才是重點。假如考慮轉職到外商公司，就要充分接受經驗人士的建議，這才是戰勝落差的關鍵。

選擇轉職到偏鄉的公司

在新冠肺炎疫情當中，允許在家工作的趨勢以IT企業為中心全面擴散開來，其中可以看到住所從都市轉移到偏鄉的案例。

我的周圍也有人在東京市中心的公司上班，卻將住所從東京都內搬到鎌倉的近郊。或是回到老家當地的城市後，還持續在同一家公司工作。

移居偏鄉的門檻似乎就像這樣降得非常低。

那麼，該怎麼看待轉職到偏鄉公司的選擇呢？

目前看來，轉職到偏鄉公司的門檻還很高。

就我所知，轉職到偏鄉的人擁有「想為當地貢獻」的強烈意志或對當地的掛念，追求彈性工作型態而轉職的案例是少數。

轉職到偏鄉工作時，別人會要求你對當地要有相應的貢獻。

具體來說，為了讓大家承認你是當地的一員，就必須積極參加當地每年的例行活動或清掃工作。轉職前應該先明白這許許多多的活動都需要成本或勞力。

另外，都市和偏鄉依然有經濟差距。很難期待薪資水準和都市地區相同，這也是問題。

尤其是轉職或移居到完全沒有地緣關係的偏鄉，更需要慎重判斷能否真的適應。希望各位設下足夠的嘗試期，或是其他最低限度的準備。

然而，現在面臨這種狀況的顯然不是轉職偏鄉，而是在大都市地區的公司上班的同時，又在偏鄉公司從事副業的趨勢。

都市地區的人才擁有最新技術或知識，由於開放副業的趨勢和遠距工作的普及這兩項條件相繼出現，偏鄉的公司得以借助這些人的能力，可以說是非常大的變化。

比如，樂敦製藥就於二〇一六年制定「公司外部工作挑戰」的制度，整治出員工能夠參與副業的環境。據說其中還有員工的副業是在北海道的公司從事林業。

直到短短數年前為止，掌握最新技術的技術人員或擅長網路行銷的專家都集中在都市中心，偏鄉公司要獲得這樣的人才難上加難。然而，假如以副業的形式協助處理部分工作，就沒有那麼大的阻礙。

考慮轉職到偏鄉的人，先透過副業將軸線放在都市和偏鄉這兩個地方，再從那裡慢慢轉移重心，或許會比較實際。

該如何判斷家族企業？

所謂的「家族企業」或「家族公司」由創業者的家族經營，以中小企業居多，上市公司也占了一定的比例。

這樣的公司可分成兩個極端，要不是輕鬆工作，要不就很難做事。

原本家族企業就常有很多看不見的不成文規定，尤其是家族經營、代代世襲的公司，創始人的權力非常強，不知什麼時候出現的「神祕規則」已經根深柢固。

另外，即使創始人退出經營第一線，有時也維持身為董事長位階的莫大權限。還常聽說明明新總裁接班上任，實際上權限卻沒委讓給總裁，要是沒有請示董事長，事情就不會進行下去。

擔任董事長的創始人總裁多半從創業之初，就一手率領公司二十至三十年以上。當然對公司的執著很強烈，累積相當的知識或經驗，所以往往會抗拒隨著時代變化重建企業文化。以上就是這種過渡期的公司肩負的特有難題。

另一方面，也有年輕的總裁為了打破這種惡劣的風氣而奮鬥。其中典型的成功案例之一是 Japan Taxi＊（現為 Mobility

＊日本國內的免費叫車平臺。

Technologies）。總裁川鍋一朗先生讓負債累累的公司重新站起來，推動業界IT化，還挑戰了其他各式各樣的改革。

既然也有公司像這樣改革成功，因此你該慎重瞭解公司的內情再決定加入。

與其向職涯顧問打聽公司，不如打聽業界資訊

本書多次提到的職涯顧問，在選公司時也扮演重要的角色。他們看過五花八門的公司或在那間公司工作的人，可以幫忙推薦適合自己的公司。

不過，就算一廂情願地說「請告訴我哪家公司適合我」，對方也很難判斷。假如判斷資料很少，推薦公司時就只能亂槍打鳥。

所以要先讓職涯顧問充分瞭解自己。只要誠實公開自己的資訊，告訴對方自己的動機在哪，就不必擔心職涯顧問看走眼，推薦不適合的公司。

另外，與其打聽個別公司的相關資訊，不如先詢問哪些行業正在成長才是上策。

要是只把目光放在個別公司上，職涯顧問也很可能會優先告訴你盲目招聘的公司。假如是在積極招聘的業界中積極招聘的公司倒還好，但若在消極招聘的業界中出了個異常積極招聘的公司，也就會讓人心中打了個問號。

最好連這方面也一併查證。

回鍋原公司也是個選擇

現在引進「職場回歸制度」的企業正在增加，重新僱用以育兒或看護為由一度離職的員工。「回鍋原公司」，在以前隸屬的公司再次效力，就成了轉職的一個選項。

我自己是「Yahoo 首位回鍋員工」，對於回鍋原公司抱持非常肯定的態度。復職的員工在 LinkedIn 也絕不罕見。

回鍋原公司最大的優點在於入職培訓會順利無比。入職培訓是公司提供新進員工必要的支援，讓他盡早適應和成為戰力的過程。

假如是回鍋原公司的員工，既然已經瞭解工作型態、工具用法和企業文化，與前同事的人際關係也還在，就能輕鬆發揮即戰力的功能。

另外，過去認為回鍋原公司的缺點，在於原有員工和回鍋員工的薪資差距。

日本公司僱用畢業生的薪水，在四十歲之前是以非常緩慢的速度上升。相形之下，擔任主管之後，就會獲得符合職稱的薪水，直到退休年齡為止。總而言之，就是基於「當了主管之後就會好好酬謝，在這之前希望你忍耐」的規則，維持薪資制度。

不過，要是因應轉職市場的需求和供給錄用回鍋員工，就可能會導致回鍋員工的薪水比原有員工高。

尤其是人才明顯短缺的業界，許多員工剛開始離職時是以優渥的待遇跳槽，假如回鍋時保證給予同樣水準的薪資，薪資差距必然會擴大。

結果就要擔心薪資差距導致原有員工不滿，打亂團隊合作。

然而最近還出現一項趨勢，就是從一面倒錄用應屆畢業生改為提升全年招聘的比例，預計員工薪水一律節節上升的方式將會慢慢廢除。

另外，要是今後工作型僱用方式深入人心，藉由優渥待遇評估回鍋員工在外界獲得的知識和經驗，應該就會變得天經地義。

將來公司活用回鍋員工時，當初「離職時多快送走員工」的態度會受到檢視。

實際上，LinkedIn 有個文化是大家一起慶祝員工離職。

比如 LinkedIn 不說離開的人是「辭職」或「轉職」，而是形容為「選擇下一場比賽」，認為這只是獲得嶄新經驗或機會的選項。

另外，公司會針對一個職務預先評估兩種人才庫（Talent Pool），一種是從內部晉升，另一種是從外部招聘。

設立新職務時，列出過去共事的夥伴姓名作為人選，實際詢問當事人，也是評估過程當中的常見狀況。

假如「這時要招聘最佳人才」的招聘方式也在日本企業扎根，相信回鍋原公司這個選項就會更令大眾熟悉。

選好要面試的公司之後該怎麼做

簡報做得好，你的職涯就會魅力加倍

假如目標是比以前隸屬的公司還要知名的企業或更重要的職務時，或許有人會感到壓力而不安。

的確，我非常明白職務的責任會讓人感到有壓力，擔心「自己能不能背負重責大任」。

覺得自卑的人能否對現職達到的成果有自信，將會成為重要的關鍵。

比如說，「自己沒有值得一提的成就」是真的嗎？或許那只是自己的簡報謙虛不談罷了。

即使在業務部的成績沒有居冠，但若在部門內成績名列前茅，簡報時應該也可以提出來。

即使沒有名列前茅，但也可以從能否達成交辦目標的觀點評估。假如成功達成每期目標，簡報時就可以說「目標達成率百分之一百」。

哪怕成績平平，完成公司交代的目標也是值得誇耀的成果，至少不是績效低落。我們大可懷著信心，光是普通地做完普通的工作，就已經在一般人之上。

「目標達成率百分之一百」絕不是說謊，還可以彰顯自己總是超越公司的期望值。

另外，彰顯改善業務的相關實務績效也很有效。假如是本書的範例A先生，就可以在簡報中說明如下：

「紙本交易在業務活動上欠缺效率，所以我建立電子化機制，成功在部門內徹底實施並提升產能。」

「我藉由改善熟客業務的做法，將時間比之前縮短了將近一半，再利用多餘的時間企畫新提案。」

將來所有的職業都需要這種自行發現問題，獨立思考再謀求應對方案的能力。

日本人大多數會因為謙虛而不談，即使簡報時也往往避免彰顯自我。哪怕擁有同樣的技能或經驗，也有可能會相形見絀。反過來說，只須學會少許簡報技巧，就能獲得相當大的優勢。

今後，日本人即使持續在日本國內工作，也遲早會身不由己地捲入全球人才爭奪戰中。比如，因為併購導致任職的公司從某個時候突然變成外商，還有可能從總公司派來各式各樣的人才。

競爭對手當中也有人像美國人或印度人這樣，從年幼時就學習簡報技能，瞭解擁有自信的重要性，自我肯定的感覺超乎常人。

為了在這樣的人當中工作，也要懂得在簡報中適當表明自己的成果。

面試時提出和本身成就相關的問題，會展現強大的吸引力

接下來要談談實際參加招聘面試時要怎麼做。

面試時有個毋庸置疑的規則，就是不問事先調查該公司就會知道的事情。假如詢問調查就能知道的事情，對方就會解讀成你對這家公司不感興趣，無心應徵。

最好是根據自己調查的資訊，詢問該公司的願景或使命。

「貴公司的願景和使命是您（面試官）決定進入公司的關鍵

嗎？」

「現在的工作當中，有沒有什麼狀況讓您體驗到願景或使命？」

「什麼時候您會強烈感受到工作意義？」

透過這樣的提問，就可以推測公司願景和使命深入人心的程度或員工的意識。

反觀有效具體彰顯自己幹勁的方法，則是詢問自己進入公司後的假想情況。比如從以下的提問中，就會表達出進入公司之後，你想要拿出成果和成長的企圖心。

「從現在起要學習什麼技能，才可以在進入貴公司後有所貢獻？」

「轉職到貴公司的人，大概多久會拿出第一份成果？」

「假如拿出成果，接下來可以挑戰什麼樣的職務？」

「假如以更高一層的職務為目標，需要什麼樣的技能？」

還有個技巧是在提問時談到自己的成就。舉例如下：

「我在現職中取得○○的成果，這在貴公司行得通嗎？」

「我的個性比較堅韌，貴公司的工作負擔有多大？」

「我在目前的職場中跟每個人打成一片，將來會分配到的部門氣氛怎麼樣？會覺得輕鬆自在嗎？」

詢問加班時間或其他難以啟齒的資訊時，則可以問：「目前我平均加班三到四個小時，貴公司是什麼樣的情況呢？」

我本人有好幾次參與招聘面試的經驗，對象從畢業生到轉職者都有。果然還是懂得充分彰顯自我的人，才會讓人想要共事。

「這個部分只要加上我的經驗，相信可以為貴公司做出很大的貢獻吧？」

「我認為只要像這樣改善貴公司的這個部分就會變得更好，您覺得如何呢？」

只要能像這樣提出具體的貢獻或改善事項，就不難想像進入公司後會大展長才了。尤其是招聘轉職者時，可以盡早拿出成果的人，必然容易獲得好評。

藉由面試檢驗形象和真實情況之間的落差

經由轉職仲介公司應徵時，也要記得先求證轉職網站登載的報導資訊再提出問題。

轉職網站刊登的資訊，基本上只有那間公司好的一面。率領外型出色的員工，再羅列出給人美好印象的詞彙，早已成了通用的模板。

不過，事先將那篇報導看進去，實際面試時幫助會很大。比如，記載的資訊是「每個月補助一萬日圓的書籍購買費」，即可驗證這項資訊的真偽。

「我看到補助書籍費的相關資訊，請問能否請教一下，您最近閱讀的書籍當中，哪些是有益的讀物？」

只要提出類似的問題，就可以根據回答判斷制度是否落實。建立制度和實際運作是兩回事。當那間公司想要展現的部分和真實情況的落差很大時，或許就隱藏著什麼問題。

或者也不妨詢問「（面試官）平常工作時覺得開心的事情是什麼」。面試官覺得開心的事情，就表示那家公司認為那是好事。「認為是好事」的價值觀是否適合自己，是不容忽視的重點。

比如，對方要是回答「達成一百件突襲推銷的銷售額後很開心」，就可以判斷「自己和公司風氣不合」。

從這樣的提問當中也可以獲得企業文化契合度的判斷資料。

另外，假如可以的話，要找機會和面試官以外的現場員工或可能會共事的人聊一聊，才是理想的做法。還有，部分面試官當中也常常夾雜著現場負責人，我也建議與這個人深入交談。

這樣既能與現場人士談論具體的工作內容，也可以瞭解他們的溝通模式，現場人士的熱忱會顯露職場氣氛的好壞。

遇到有這種辦公室的公司就該打退堂鼓

為了面試而拜訪辦公室時應該檢視的要點，除了前面提到的環境整潔之外，還有公司內部的氣氛。

以我的經驗來說，許多人眉開眼笑，經常聽得見笑聲的公司，也往往資訊暢通且富有成效。在壓力大的環境下，人的產能就不會提升。

氣氛是由人醞釀的，從董事或高層的幾句措辭，也多少可以窺見公司是否重視員工。

尤其是招聘轉職者時，即使當下沒有緣分，也可能還有別的錄用機會。一間體面的公司會努力溝通，盡量讓外人對自家公司留有好印象。

照理說從細節就能看出公司的態度，我們要好好觀察。

辦公室的布置方面，有的公司引進開放式設計後有效發揮功能，有的公司反而失敗。這也會因工作方式而異，不能一概而論。

不過，最近ABW（Activity Based Working：活動式工作）的觀念逐漸深入人心，採用這種工作方式的企業正在增加當中，讓員工可以配合業務內容，在喜歡的地方工作。

還有案例是準備可以一個人專心工作而不被周圍打擾的空間，

設置站立式辦公桌或沙發等。

在家工作也在這樣的潮流中占了一席之地。

為了提升產能，而能選擇在家工作或在辦公室工作，這種狀況是表示該公司作風先進的一個要素。目前日本僅止於部分公司全面引進在家工作制度，就算說「幾乎只有東京的IT業界在做」也不為過。

然而，要是考量到類似新型冠狀病毒的傳染病或自然災害的風險，則可以說採取在家工作措施的公司較有危機管理能力。這一點我也建議各位實際求證。

面試簡報應該聚焦的兩個主軸

轉職面試時對方一定會問的問題是「你為什麼想轉職」。

「因為我就是和上司脾氣不合。」
「因為想增加收入。」
「因為能夠獲得想要的標籤來升級職涯。」

轉職的理由想必五花八門。不過，這裡想要強調的是「在現職中解決了什麼課題？這次轉職想要達成什麼目標？」

因為在現職中建立的目標幾乎都達成了，想要在下一個舞臺謀求嶄新的成長——只要具體告知這樣的心路歷程，既可以彰顯自己能夠達成親手設定的目標，對方也會明白自己是以正面的理由考慮轉職。

想要兼顧自己的想法和公司的期許，與其鑽研成功轉職的理論，更重要的是在公司發揮綜效的理論。

只要想想公司交代的目標和自己設定的目標，並在簡報上以達成過的這兩種目標為主軸，就能給人「能幹」的印象。

轉職時好好在簡報上介紹自己，就能進入想去的公司。進入公司後率先拿出成果的成功體驗，將會帶來無比的自信。

只要擁有自信，下次轉職就會非常輕鬆，能夠進入轉職成功喚來下次轉職成功的良性循環。

選好要轉職的公司之後該怎麼做

假如在錄取後猶豫是否真的要轉職……

雖然獲得公司錄取，但或許有人會猶豫是否該下定決心轉職。猶豫的原因五花八門，常見的情況是「覺得現在的公司對自己有恩，離職會感到內疚」。

覺得現在的公司對自己有恩是人之常情。

我本人也對以往任職過的公司懷有強烈的感激。不過，大多數人應該都是藉由在本業上拿出成果來報恩。

我認為只要在本業上確實拿出成果，就無須被公司束縛到那種地步。因為這是自己的人生，不屬於任何人所有。

相信也有人猶豫的原因是覺得「假如自己離職，團隊的工作就會停擺，對同事不好意思」，不過現實是即使離職，公司的工作也會照常安排好。出現離職者時，補上欠缺的人才，安排好工作是上司或公司經營層的責任。因此，離職當事人沒必要懷有罪惡感或背負責任。

上班族只要想辭職，隨時都有權利辭職。假如公司規定中沒有規範離職日期，法律規定只要在最短兩星期前*申請離職，就可以辭掉工作。

*臺灣的勞基法規範是離職預告期須依員工在該公司的年資計算，未滿三個月不須預告；滿三個月但未滿一年者，須提前十天；滿一年但不滿三年者，需提前二十天；滿三年以上需要提前一個月告知。

話雖如此，但在離職後也可能和公司結緣，所以最好是以圓滿的形式順利離職。請記得空出足夠的時間交接，並將交接的資料準備齊全，貼心地善後。

當然，愈優秀的人愈會受到公司強力慰留，有時內心也會動搖。不過，假如確信自己想要成長茁壯，轉職的工作會帶來成長，就該以強韌的精神行動，公司應該也會理解的。

反過來說，假如預知轉職造成的變化只有年收入時，或許還是留在目前的公司比較好。

假如除了年收入以外就沒有其他提高動機的要素，轉職後月收入會馬上增加，即使沒有拿出那麼多成果，也可以暫時領到同樣的薪水。不過以結果來說，就會以得過且過的心態在公司上班，極有可能在工作上拿不出成果。

果然轉職時的先決條件還是要提升技能，增加標籤。接下來的關鍵則在於能否對轉職去處的願景有同感，堅信自己可以做出具體的貢獻。

另外，錄取後的問題還有「家人反對轉職」。尤其是從大企業轉職到新創企業時，更是常會聽見家人擔心「進入這樣的公司沒問題嗎？」。

想在工作時無後顧之憂，家人的理解果然不可或缺。假如轉職去處有真正想要從事的工作，就該帶著熱情說服家人。

只要傳達真心的熱情，除非有特別的理由，否則家人應該也會接受。受到家人反對就動搖決心的人，或許還是打消主意比較好。要是沒有熱情，到了新職場將克服不了艱辛。

離職的準備，向上司報告以及和同事商量

考慮到可以維繫和同事之間的人際網絡或回鍋原公司，與離職的公司保持良好的關係才是理想的做法。

離職時重要的關鍵在於事先妥善計畫交接期間的事宜，再提出善後方案。

原本交接就沒有限定「做到這裡就結束」，所以有的上司會想用交接當作挽留員工的手段。假如聽從上司的要求進行詳盡的交接，很有可能永遠都無法轉職。

所以要記得冷靜盤點自己的工作，歸納出最起碼的交接內容，再提議「本人會交接到這裡為止，請容我在〇個月後離職」。

只要自己有所準備，就可以對公司展現誠意。

關於向上司報告離職的時機，我不建議事先跟對方商量。

商量就表示自己沒有下定決心。

要是對方在商量後說什麼「明明是家好公司，為什麼要走」、「你有什麼不滿」，內心一定會動搖，更加迷惘。

轉職終究是自己一個人的選擇。拿定主意之後，再向上司報告結論就好。要不要跟同事商量也是依個案而異，但考量到消息走漏的風險，應該要盡量限定對象。

另一方面，我會勸各位傾聽第三者的意見，與要好的朋友或職場導師商量轉職問題。從同樣轉職過的人口中，就可以獲得詳盡的建議，為此也要在公司外部建立人際網絡。

還記得我本人從 Yahoo 離職時，職位是外商公司區域經理的朋友就告訴過我一些具體的工作型態的建議。

交接之際，我針對每個部分的工作推薦接手的人，決定接手的人到離職的三個月期間，我都謹記要悉心交接。

有趣的是，由於我的離開，使得兩個部屬晉升為執行董事。

當一個人離職後，就晉升剩下的人，或是從外部招人進來，組織就會受到刺激。

這種流動性可說是轉職帶來的龐大加分要素。

另外，與上司相處不好而轉職時，也可以考慮跳過上司直接向人資部門報告。就算很難這樣做，也無須報告具體的轉職去處。

要是報告轉職去處，處理不當，有的上司會搶先一步向轉職去處散播壞話，敬請注意。

尤其是擺脫黑心企業時，更要記得以「行使辭職權利」的強韌精神面對。

如何在新職場建立人際關係和工作

這一章的最後則要談到轉職到別的公司要怎麼工作。

當務之急是趁早在轉職去處拿出小小的成果。關鍵在於拿出能夠讓周圍認可的具體成果，哪怕微乎其微也行。

許多公司會訂立進入公司後有三個月試用期。從跨越試用期的意義上來看，也要盡量拿出成果。

照理說只要盡早拿出成果，周圍看自己的眼光也會改變，能夠從容發揮具備的能力。

為了拿出成果，若有不懂之處就詢問周圍的人。

就算累積的資歷再多，業界知識再豐富，也有一堆剛進公司不懂的規矩或工作方式。

所以該以謙虛的心態借助周遭的幫忙。尤其是關於前面提到的企業文化契合度，更要記得接受同事或上司的指導，好好學習。

剛開始的一個月內，無論提出什麼問題，也可以用「剛進公司」為由帶過去，但若在進入公司兩個月後提出入門級的問題，別人就會覺得「連這種事都還不知道嗎？」

轉職者問什麼都允許的期間有限，總之要記得趁早提問。

除此之外，進入公司後該做的事情，就是向直屬上司問清楚「該跟誰談事情」。

上司瞭解部屬的工作內容，最知道工作上需要和哪個部門協調。

所以在仰賴上司建議的同時，也需要盡快建立公司內部的人際網絡。尤其是外商公司，剛開始能否成功建立公司內部的人際網絡，將會影響以後工作的難度。

我在進入 LinkedIn 後不久就預定要赴國外出差，一對一會談的商務邀約蜂擁而至，一天和好幾個同事見面，努力建立人際網絡。

每次不斷做同樣的自我介紹是相當吃力的經驗，但也在那段期間獲得許多有意義的建言。

總而言之，剛開始的三個月會決定成敗。

假如能在三個月之內適應職場，之後的工作也會變得輕鬆。只要體驗過一次「能在三個月以內適應轉職去處」，就會建立自信。下一次轉職的門檻也會跟著降低。

第5章總結

・看公司選工作的缺點在於極度侷限下次轉職的可能性。

・對於錄用的公司也好，勞動的個人也好，沒有企業文化契合度就會害彼此萬劫不復。公司文化是否適合自己，將會是獲得綜效非常重要的要素。

・喜歡在既定職責中好好工作的人適合大企業。相形之下，想要超越職責範圍挑戰新工作的人則適合新創公司。

・洞悉優良新創企業的四個觀點如下：「在成長中的市場試水溫」、「能夠受到投資的創投公司信賴」、「產品」及「能否與經營者、願景和使命共鳴」。

・與其向職涯顧問打聽公司，不如打聽業界資訊。要是只把目光放在個別公司上，職涯顧問也很可能會優先告訴你盲目招聘的公司。

・面試時只要想想公司交代的目標和自己設定的目標，並在簡報上以達成過的這兩種目標為主軸，就能給人「能幹」的印象。

第6章

建立廣大而距離合適的連結——從「建立人脈」轉換成「建立人際網絡」

前所未有的轉職新概念

將來是任誰都會轉職四次的時代

以往日本的應屆畢業生進入公司後，在實際分配部門之前都不知道自己會做到什麼工作。

因為比起不知道會被安排什麼工作的缺點，日本人更重視僱傭穩定或公司聲譽的優點。簡直就不是在「找工作」而是「找公司」。總之只要進入大企業就一生安泰，是當時社會上瀰漫的心態。

然而，將來這套就行不通了。現在早已是上市企業也有可能破產的時代。

就算沒有到破產的地步，被跨國企業收購後，面臨勞動環境一口氣改變或大規模裁員的可能性也很大。

而且，現在可說是「人生百年的時代」。

個人的勞動壽命變得比企業的平均壽命長，假如在一畢業就進入的公司迎接退休年齡，從那之後還想繼續工作，就必然會經歷轉職。

今後，一個人的職業生涯當中，轉職次數會確實增加。

放眼世界，美國勞工的平均持續工作年數最短，為四・二年，英國為八・〇年，德國是一〇・七年，法國為一一・四年，日本為一一・九年（根據 DATABOOK 國際勞動比較二〇一八*）。

*為日本獨立行政機構「勞動政策研究與調查機構」匯集國際勞動力的資料編撰而成的報告，作為瞭解與勞動力相關的各種統計指標和數值的參考系統。

假設從大學畢業到六十五歲為止，工作約四十年，如果每十二年轉職一次，就可以算出轉職次數約為三．六次。或許現況是呈現兩極化發展，持續在一家公司工作的人和轉職次數在平均值之上的人都存在，但總之可以預期一個人經歷三、四次轉職將會是理所當然。

沒有轉職經驗的人，往往無法順利想像轉職後的工作型態，高估轉職的風險。或許待在一家公司的時間愈長，就愈會覺得轉職很嚴重。

雖然如此，但若接下來任誰都會理所當然轉職兩次、三次……當這樣的時代到來，對於轉職的認知應該就會大幅變化。

比如我恰好就在剛畢業時進入的公司待了十個月就離職，所以不會對轉職抱持過度的恐懼，能冷靜思考自己的職涯。

只要像我一樣趁早轉職過一次，就可以對轉職免疫。從擁有免疫力的人看來，轉職這件事其實就沒有那麼誇張了。

而另一個降低轉職門檻，協助轉職的要素則是人際網絡。

首先要與同業界和行業相近的人建立人際網絡

本書已經告訴過各位，建立人際網絡在實現「轉職2.0」上的重要性。

說到「建立人際網絡」的一般印象，就是與學生時代的同學、自己工作的公司成員或其他親近的人，加深人際關係。

然而，這裡所謂的建立人際網絡，意思是「將不緊密的關係擴展到大範圍」的行為。

擴展人際關係時，最好先從相同業界卻在其他公司工作的人，或是從相關行業的人開始拉關係。藉由與這樣的人建立關係，不只能夠客觀審視自己從事的工作，還可以俯瞰自己任職的公司本身。

比如，要是「競爭對手已經施行的措施，自家公司卻沒做」的狀況一多，就會知道自家公司的行動慢別人一步。反過來說，有時也會在聽了其他公司的情形之後，才會知道自家公司的措施很先進。

不管怎麼說，透過人際網絡獲得的資訊，就是瞭解市場現狀用的生命線。

假如身邊的關係建立到某種程度，接著也可以嘗試橫向建立包含不同行業的人際網絡。

這時或許可以從相同職業的人開始聯繫。假如自己是業務人員，不妨試著聯繫完全八竿子打不著，在不特別感興趣的業界擔任業務職的人。

實際和業務同行聊過之後，就可以釐清每個業界的不同，像是銷售的方式、訂價的訣竅和顧客管理的做法等。

過程當中還可能會發現「原來有這麼嶄新有趣的做法！我也要拿來用在自己的工作中」，或是覺得「自己也想在這樣的環境工作看看」。

實際衡量是否該鎖定職務再異業轉職時，能夠直接詢問並求證業界的內情，也是一大優點。

換句話說，距離合適而廣大的人際網絡，是將來衡量職涯升級不可或缺的要素。

將相同職務但不同業界的人當做「職場導師」

找出人際網絡中堪稱為「職場導師」的人是件好事。尤其是將人際網絡中相同職務但不同業界的人，或者相同業界中比自己的目標職務高一層級的人當做職場導師，更是意義非凡。

雖說是「職場導師」，卻不必想成畢恭畢敬的師徒關係。只要當作「偶爾能夠閒聊的前輩」就足夠了。

我本人會安排交流學習會，與完全不同業界的人互相當彼此的職場導師。專門公開自己業界中蔚為話題的事情，交換資訊。

聽不同業界的人說話非常新鮮。當我說「現在我們業界正流行這種App」，其他業界的人就露出「這到底哪裡厲害」的模樣傾聽。總而言之，就是內容太過艱澀。

反過來說，我聽他們講話後，也還是幾乎搞不懂厲害之處在哪。不過長期來看，聽這種離自己世界遙遠的故事會是相當有益的經驗。

有時過了十年之後，還會醒悟到「原來當時那個人強調的是這個啊！」

要是從一開始就關閉與自己不同行業的關係網絡，就真是太可惜了。就如前面所言，現在會透過結交不同業界的人，引發各式各樣的創新。藉由聆聽不相干行業的說法，就會受到刺激並有機會與某些新工作搭上線。

蒐集工作上的資訊之際，自行查詢網路或閱讀書籍也很重要，但若直接詢問在現場工作的人，就可以更有效率地獲得優質的資訊。

假如想要學習某些新東西，詢問那個業界的人「該從哪裡學起」

才是上策。要是能夠獲得那方面的專家指導，學習效率就會突飛猛進。

建立人際網絡也是個交換有意義資訊的好方法。

轉職的機會來自人際網絡

經由人際網絡，從實際在現場工作的人身上獲得的第一手資訊有其價值。

公司提供的官方資訊，基本上帶有「美化」的偏誤。這不是好壞的問題，而是公司會盡量美化企業自身。

能否知道轉職要去的公司實況，取決於自己擁有的人際網絡。掌握的資訊愈準確，就不太會在換工作時出現不匹配的情形。

另外，有了人際網絡，轉職的機會就會自動增加。

當你覺得「想要轉職」或「想要改變自己」時，只要將消息散播到自己擁有的人際網絡，就有可能會收到徵才資訊。換句話說，就是別人幫忙介紹轉職去處的機率會提升。

實際上，我自己的人際網絡中，平時就具備將轉職去處介紹給別人的機會。尤其是轉進到 LinkedIn 之後，更是擁有美國西海岸和日本雙邊的人際網絡，所以就會增加很多機會，針對考慮進軍日本的新創企業，將日本第一號員工人選介紹過去。

我本人雖然不打算以獵頭為本業，卻參與過好幾次內部推薦，因此注意到幾件事。

其中一件事是招聘重要的職務時，一開始會在檯面下進行。公司會先試著在檯面下（也就是透過推薦或介紹）獲取人才。假如還是沒有理想人選，才會在公開的場合徵才。

所以，為了獲得最重要的資訊，最好事先建立人際網絡。

聯絡員工和經營者的方法

直接聯繫候補轉職去處的員工，是建立人際網絡的一個方法。

有些大企業的公司政策禁止想要轉職的人與員工接觸。這時你可能會被引導至參閱公司網站的人事關係，取得個別聯絡的案例應該也不少。

假如企業公開具體的職務徵才資訊，不妨透過社群網站洽詢：「我對這個職務感興趣，請告訴我詳細的情況」。

或者，在某些情況下也可能會和經營者本人搭上線。

我本人平常有機會直接收到想要轉職的人傳來的訊息，還會和求職者打交道。

雖然模式多半只是單純在社群網站上聯絡，但有時對方會要求提供具體建議。

即使無法仔細回答所有問題，也會記得盡力回信，稱讚學生訊息當中果敢的挑戰精神。

其中還有人直接敲定時間面談。沒幾天前，就有位在某間公司實習的學生向我諮詢。

沒有必要過於害怕和經營者或員工聯絡。

尤其是學生還有個優勢，就是即使有點失禮對方也不會追究。社會人士會以諒解「學生失禮」為前提（明白學生是單純還沒有實務經驗，所以不懂）。另外學生時代在求職上吃過苦頭的人也很多，所以也會抱持想要盡量幫忙的心態。

只要懂得最基本的禮儀，客氣地表達想法，除非有特別的理由，否則傳訊息是不會惹怒對方的。

如果沒有回信也是理所當然，以這樣的心態聯絡對方就可以了吧？

然而，假如對象是經營者，就要記得別只是單方面試圖獲得資訊，而是要在傳訊息的同時，設法主動提供價值。

許多經營者想要瞭解年輕人的心態，因為年輕人會成為下一個世代市場中的主角。

我本人在 Yahoo 時也特別參與過行動通訊業務，當時會特地製造機會和年輕人交換資訊，順便研究。

假如聯絡時站在對方的立場，提出你能夠提供的資訊，像是「自己周圍最近流行的 App」，照理說獲得回信的機率就會提高了。

無法靠虛張聲勢轉職的時代

已經發現人際網絡重要性的人，現在正踏實地建立他們的人際網絡。當大家都像這樣建構人際網絡之後，就會加速資訊共享，打造出公司和個人都無法說謊的世界。

在這之前，只要稍微誇大一下，主張「自己擁有非凡的能力」，就可以順利混進公司。所以「實際進入公司後，跟面試上說的完全不同」的案例才會經常發生。

然而，現在只要參照人際網絡，就可以輕鬆查證個人在面試時的主張是否為真。換句話說，要靠虛張聲勢通過面試就難了。

反過來說，公司也一樣。就算再怎麼在轉職網站上彰顯企業自身的魅力，只要公司裡頭有問題，員工就可能會藉由 Twitter 或其他管道內部告發。

所以我們要拋棄「只需短時間努力然後成功轉職」的想法。公司和個人都不要有所隱瞞，堂堂正正地揭露資訊，才是轉職成功的捷徑。

我們要以長遠的觀點建構人際網絡，並努力持續為人際網絡作出貢獻。

運用人際網絡讓職涯橫向擴展

新型冠狀病毒的傳染擴大，導致我們周遭的環境歷經了巨大的變化。

比如這次的新冠肺炎疫情，旅遊業、餐飲業或其他特定的業界就遭受重大打擊，相繼發生破產、裁員解僱或其他負面案例。

當整個業界陷入危機，就算想要在公司破產時轉職到同業的其他公司，錄取的可能性也趨近於零。

這時就需要橫向擴展自己的經驗，衡量有沒有轉職到其他行業的選擇。

「橫向擴展」淺顯易懂的例子，就是新聞記者或編輯這些在既有媒體工作的人，轉進到網路媒體或自媒體工作。編輯或寫作的技能非常容易帶著走，或許有機會在IT企業大展長才。

當然，單憑一己技能不見得就能輕鬆「跨業界」，需要某種程度的學習和努力來填補鴻溝。

跨業界的助力也是來自你與其他業界的人際網絡。

假如人際網絡僅止於單一業界，萬一出事時就無法橫向擴展。但若建立超越業界藩籬的人際網絡，既可以知道自己的技能在哪個業界有用武之地，要透過人際網絡轉職也會很容易。

有了人際網絡就可以大膽轉職

我追求「目前最適合自己的工作型態」，每隔大約十年就會歷經巨大的職業轉換。

雖然現在四十幾歲是在 LinkedIn 工作，不過到了五十幾歲，或許又會摸索另一種工作型態。

我以十年左右作為職涯的分界點，大致有兩個根據。

其中一個根據是IT領域中的主要科技趨勢會以十到十二年的週期到來。只要趁勢搭上這個週期，就可以在常保成長的領域中工作。

另一個根據則是拿出成果的時間。

我在轉職時會掌握大方向，專心一意努力工作。比如我現在是以經營者的身分肩負組織變革的任務，要拿出我滿意的壓倒性成果，至少要花五到七年的時間。

考量到拿出成果之後，看準和轉移到下一個方向的時間，即可算出必然需要大約十年的時間跨度。

反過來說，大幅度轉換職業時，要在設定方向的同時思考「有沒有投入未來十年的價值」。

照理說，今後要是工作型僱用方式加速普及，不只是我，許多人也可以自行設定大方向，從能否實現大方向的觀點選擇轉職去處。

不過，就是因為有了人際網絡，才可以像這樣以長期的觀點思考職涯。只要有了人際網絡，就可以大膽轉職。為了主動打造職涯，而不是被動等待公司給予，從現在起要記得建立人際網絡再行動。

建立人際網絡會讓你的工作型態一百八十度大轉變

人際網絡也會帶來轉職以外的機會

就算轉職失敗，能夠從人際網絡獲得幫助的機會也很多。「那家公司或許不適合你，既然這樣，要不要來我們這裡呢？」假如可以讓大家認識自己，就可能會獲得類似的工作邀約。又或者某個專案會邀請自己，或是當成副業嘗試後獲得工作機會。這就是「天無絕人之路」。

附帶一提，就連能夠像這樣執筆本書，也是因為人際網絡當中有人要求我這樣做。原本的起因是編輯透過 LinkedIn 傳訊息過來。雖然和這位編輯不認識，但我知道對方十分瞭解我的標籤，所以才會想要實際聊一下。

人際網絡就像這樣，隱藏著開創各種機會的潛力。

萬一出事時會不會有人伸出援手，取決於自己對人際網絡做了多少貢獻。所以平常要記得在人際網絡當中提供資訊，與人結交。

我沒有將獵頭當成工作，是無償幫忙，說起來也是對人際網絡有所貢獻，以積德的心態在做。相信總有一天自己走投無路時可以當成保險。

有了人際網絡就能選擇獨立開業之路

最近我周圍運用人際網絡離開公司，成為自由工作者的人正在增加。

這些人在經由人際網絡從事業務委託形式的工作時，發現自己可以獨立謀生，於是就離職了。

具體來說，就是負責行銷或公關工作的人，活用可以帶著走的技能，從大企業辭職，同時與不只一家企業合作專案。

藉由這個過程變成當紅炸子雞的人，就會從各大企業應允的工作邀約當中，親自選擇專案。他不會單純接受待遇優渥的工作，有時也會為了建立個人的成就，優先選擇報酬低卻會爆紅的工作，或是願景明確的工作。

從企業的觀點來看，就是發生「即使拜託對方也不接受」的狀況。

我知道的工程師當中，就有人以特約CTO身分與不只一家公司簽約，參與制定技術開發方針。

工程師對各大公司的系統懷有好奇心。親眼見識多家公司系統的經驗，也會增加自己的才幹。

我認識的人也說他們很開心能獲得各種知識，相信他們是以優渥的條件工作著吧？

不只是我認識的人，優秀的工程師基本上會很搶手。App 開發人員人手不夠，以自由工作者身分工作而不受一家公司束縛的人就會引人注目。

自由工作者能以自己的步調工作也有吸引力，收入比當上班族還要高，所以不會考慮硬待在一家公司忍氣吞聲地工作。

今後，假如「以公司為本」的工作型態普遍轉型為「以專案為本」，正式員工的存在意義也可能會產生變化。以業務委託形式為企業工作的人，可以被稱為非正規僱用者或自由工作者。

正式員工和自由工作者的界線模糊，兼顧兩者身分的人或許會增加。如 TANITA 等公司就已經開始努力將部分員工轉換為自僱人士。

不過，目前有個問題是推動自僱容易濫用為縮減社會保險的手段。假如推動自僱的前提仍是維持日式僱用制，將社會保險完全轉嫁給企業，就一定會流於濫用。

關於這一點，就需要站在政府角度，重新檢討社會安全網的存在意義。假如做好社會保障制度，讓人即使成了自僱人士也能放心，工作流動性也會提高，個人應該也就能安心工作了。

副業也會替本業帶來自信

即使沒有離開公司獨立開業，運用人際網絡從事副業的人也在增加當中。

部分企業已經解除副業禁令，能在特定企業上班的同時，透過副業摸索新職涯。

我在 Yahoo 任職時公司就解除副業禁令，我也建議許多部屬或後輩嘗試從事副業。

設計師或網路工程師之類的職業，基本上任何企業都人手不足。我也頻頻遇到以前新創公司的工作夥伴拜託我介紹幫手，哪怕一個星期一次也好，還多次實際引介部屬幫忙工作。這就是有效活用人際網絡。

覺得在本業陷入僵局或失去自信的人，當自己的實力在副業獲得認可和感謝後，也會突然恢復自信。

「自己的做法沒有錯。」

「即使在公司之外，自己的工作方式也能發揮作用。」

能夠實際感受到這些會有很大的意義。

我好幾次看到做副業的部屬突然精神百倍，即使在公司裡也鬥志高昂地工作。只要對自己的能力有信心，既可以積極努力工作，也能思考職涯升級的問題。

人際網絡會產生安全感，讓人能做想做的事情

藉由建構人際網絡你就可以放心，「即使失敗也有人善後」，下定決心升級自己的職涯。這也可說是人際網絡不可忽視的功效。

一個人從事自己想做的工作之後，就會想要接受更大的挑戰。或許是在現職中致力於新工作，或許是轉職到新環境上班。

要是在挑戰之後拿出成果，就會累積「辦得到」的自信。累積這種自信非常重要，一旦累積自信之後，就不會害怕邁向更大的挑戰。

假如自己想做的工作和公司寄託的期許達到平衡時，就會每天都開開心心。壓力消失，並能夠從工作中獲得充實感。

我本人轉進到LinkedIn之後，就不斷接受各式各樣的採訪和其他嶄新的挑戰，最後很榮幸獲得工作邀約，要在《日經COMEMO》上以官方作家的身分撰寫部落格。

我自己在那之前幾乎沒有寫部落格的經驗，每個月投稿五篇也覺得有負擔，不過現在仍每天歷經千辛萬苦地尋找題材，努力持續寫下去。

藉由投稿部落格這項新挑戰，獲得喝采的機會就增加了。即使是初次見面的人也會說「我平常會看你的文章」，讓我覺得非常來勁。

類似這樣，挑戰一件事並跨越一個障礙之後，就會覺得「自己還差一點就能做到了吧」，能夠親手提高門檻。

工作型僱用方式讓個人與公司的關係變平等

假如日本所有勞工對於轉職的認知升級，個人和組織的關係應該會愈來愈平等和公正。

假如勞工個人萌生「隨時都可以轉職」的意識，在黑心企業或蠻橫上司底下工作的人就會認為「我可以隨時辭職到其他公司」。

實際上，要是所有員工一起離職，組織就會崩解，公司會陷入困境。因此，上司必須要負起責任，拚命經營組織。

如此一來，可以想見最後職權騷擾或性騷擾等情況會大幅減少。只要大家都不再忍氣吞聲，組織就會變得健全，進入資訊更加暢通的良性循環。

今後要是日本引進工作型僱用方式，流動性提高，公司就會認真為員工著想，社會上就會出現更多工作更輕鬆的職場。

接著只要個人再建立人際網絡，培養出彼此互相支援的關係就如虎添翼了。希望各位讀者務必實際感受人際網絡帶來的力量。

第6章總結

・將來的時代，一個人經歷三到四次轉職是理所當然的事。這種狀況下人際網絡會成為很大的武器。

・擴展人際關係時，最好先從相同業界卻在其他公司工作的人，或是從相關行業的人開始拉關係。

・將人際網絡中相同職務但不同業界的人，以及相同業界且比自己的目標職務高一層的人當作職場導師，就會意義非凡。

・有了人際網絡，轉職的機會就會自動增加。只要將消息散播到自己擁有的人際網絡，收到徵才資訊的機會就會提升。

・跨產業的助力也是來自你的人際網絡。建立超越業界藩籬的人際網絡，既可以知道自己的技能在哪個業界有用武之地，要透過人際網絡轉職也會很容易。

・人際網絡也會帶來轉職以外的機會。就算轉職失敗，能夠從人際網絡獲得幫助的機會也很多。

第 7 章

思考轉職問題
就是思考人生

「選工作就要有所妥協」已經是過去的常識

要是以過去的經驗或公司為標準，就踏不出轉職的第一步

最後這一章要更深入地挖掘前面也談到的「日式僱用制逐漸向歐美僱用制靠攏的變化」，藉此重新驗證現在並非忍氣吞聲工作的時代，而是能夠自由工作的時代。

「薪水優渥，就必須接受艱鉅的工作。」

「追求工作意義，就只能放棄薪水或工作和生活的平衡。」

類似這樣忍氣吞聲的理由之一，就只是單純不知道資訊。假如以自己過去的經驗或任職的公司為基準，就會感到茫然不安或恐懼。

尤其是一畢業就進入公司，完全沒有轉職經驗的人，就算別人告訴他「要藉由轉職爭取到無須忍氣吞聲的工作型態」，也不會立刻相信。即使自認為在公司裡能夠完成某種程度的工作，也沒有把握自己的技能適用於其他業界或公司。

改變習以為常的環境重新開始也很吃力。這樣的想法也會推波助瀾，容易讓人認為哪怕稍微忍氣吞聲，也最好是持續在同一個職場工作。

結婚生子或進入四十大關之後，就會愈來愈猶豫要不要辭掉公司職務。

在比較大型的企業工作的人，考量到自己受惠於還過得去的薪水或豐厚的福利待遇，就容易對轉職猶豫不決。與一般上班族相比，既可望得到退休金或年金，孩子的教育費也有著落，而且房屋的貸款還沒付清……想到這裡，就會覺得維持現狀才是明智的選擇。

這樣的心情我非常瞭解。我在一開始任職的公司持續工作到這個年齡時，也想過同樣的事情。

當然，不只是大企業，中小企業也有很多人忍氣吞聲，卻對改變環境在新職場工作感到不安，心懷疙瘩。

我以職涯為主題舉行演講後，就常有機會遇到這樣的人來諮商。其中常聽到的煩惱是「雖然在中型製造商工作，但老一輩的思考失去彈性，也不瞭解網路，完全無法推動在家工作」。

雖然知道問題是什麼，以及忍受著哪些地方，卻無法輕易解決問題。就算這樣，似乎還有很多人認為轉職這個選擇有點太跳躍。

要自由工作？還是心懷疙瘩工作到七十歲？

不過，就算心懷疙瘩，時間也不等人。

邊想著「這樣下去可以嗎？」的時候，轉眼間就進入五十大關，到了五十五歲之後，就會在某些公司遇到屆齡轉調的問題。

屆齡轉調指的是達到一定年齡的員工將被調離第一線主管職，給予專業人員待遇的制度。近年來為了壓低人事成本或組織年輕化，而以大企業為中心引進這項制度的案例備受矚目。

一旦面臨屆齡轉調，通常薪水會降低二到三成左右。不過到了這個地步，萌生「反正年紀也到了，光是能獲僱用就要謝天謝地」、「想要熬到平安迎接退休年齡，收到退休金為止」的意識，總之先平穩地過完上班族生涯的人就增加了。

日本現在由於二〇一三年修訂的《高齡人士僱用安定法》*，使得企業必須僱用願意工作的高齡人士直到六十五歲，預計二〇二五

*日本政府在少子化及老齡化導致人口持續下降的情況下，為保持經濟社會活力，立法保障願意勞動的老年人口充分展示自己的能力。

年就會適用於所有企業。

而在二〇二一年四月，企業則必須努力確保就業機會到七十歲為止。「假如能夠工作到七十幾歲，即使多少有些問題，也要持續在目前的公司工作而不發牢騷」，就算懷著這種心態的人增加也不足為奇。

不過，我認為心懷疙瘩工作到七十歲會有點可惜。

要是知道在自己任職的公司之外，有個具備與自己相同技能的人工作得更快活，無須忍氣吞聲，會怎麼樣呢？

許多人只是單純不知道資訊而吃虧。斷定「這麼完美的公司不可能存在」，從一開始就放棄了。

然而，假如有年收入相同但工作更輕鬆的職場，當然是轉職比較好。希望各位能先瞭解正確的現況。

為什麼美商企業中沒有忍氣吞聲工作的人？

在日本職場中，許多人會感受到壓力的來源大致可歸類為以下兩點。

一個是直屬上司，或者該說是隊友。總而言之，就是現在工作的職場人際關係不佳。

尤其是要在脾氣不合的上司底下工作更痛苦。Rikunabi NEXT＊調查有轉職經歷的人的「辭職理由真心話排行榜」指出，排名第一的是「不喜歡上司和經營者的工作方式」（百分之二十三），第三名是「和同事、前後輩相處不來」（百分之十三），由此可以窺見員工對於人際關係的不滿根深柢固。

＊日本的求職網站，刊登各種求職或轉職相關的資訊。

・沒有試圖傾聽部屬說話。
・關於工作的指示或命令不明確。
・人事評估或溝通方式不公平。
・性格根本不合。

諸如此類，要在感到不滿的上司底下持續工作壓力會很大。許多在職場上的員工，只要換掉上司一個人就會開心。

比如，在工作流動性高的美國，員工要是和上司脾氣不合，就會立刻辭掉公司職務，或是被上司開除，本來就沒有讓員工覺得不滿的餘地。

另一方面，日本的解僱限制很嚴苛，上司不能輕易解僱部屬。反過來說，部屬也知道公司不能解僱自己，所以在脾氣不合的上司底下，就會敷衍了事，抗拒到底。

類似這樣持續忍受彼此的耐久賽並不罕見。

而第二點則是公司多餘的業務流程和內部規定。尤其是大企業更有很多荒謬的「神祕規定」。

比如不久前談論圖章電子化（電子印鑑）普及的相關議題時，「鞠躬蓋印」就成了話題。

「鞠躬蓋印」是日本的商務禮儀，假如要在簽呈和其他需要多人批准的文件上蓋押印鑑時，圖章要往左傾斜再蓋下去，做出宛如部屬向上司鞠躬行禮的樣子。從沒有經歷過的人看來簡直莫名其妙，卻是部分金融業界或製造商相當注重的常規。

有趣的是，跨國企業竟然去適應這項地方性的神祕規定。

世界龍頭電子工作流程工具「DocuSign」，實現了專為日本打造的虛擬圖章蓋印功能，以及能夠改變圖章角度的功能。這則新聞雖然驚人，反過來卻可看出鞠躬蓋印的需求。

「許可證上要是沒有上司的圖章就不能外出。」
「進入公司前三年只能穿白襯衫。」
「工作中禁止含喉糖。」

除此之外，猖獗於世間公司的詭異規則不勝枚舉。

「工作既嚴峻又辛苦」的日本人迷思

公司中有脾氣不合的上司以及毫無道理的內部規則。即使如此還是不斷忍氣吞聲地工作，最大的原因還是不瞭解正確的資訊，但與此同時，關於工作的某種「迷思」似乎也是個問題。

第一個迷思是「工作既嚴峻又辛苦」。

認為體驗過辛苦和嚴峻比較好，克服辛苦的工作才有價值，已經是一股風潮。當然，我不認為辛苦和嚴峻的經歷完全沒有意義，但若懷著「因為自己忍氣吞聲，所有周圍的人當然也要忍氣吞聲」、「不許別人工作時沒有忍氣吞聲」、「周圍的人都忍氣吞聲地工作，只有自己自由自在地勞動，反倒覺得內疚」的心態，就有點問題了。

而第二個迷思則是勞動＝時間，也就是產出和時間成正比。

國外要求按照職務說明拿出成果，基本上不會仔細過問勞動時間。

比如，外商公司的業務人員，九個月就迅速達成該年目標的人，剩下的三個月往往就可以悠閒度假。只要完成協議的目標，之後要怎麼過也是員工的自由，這樣的文化根深柢固。

假如日本的業務人員做了同樣的事情，想必公司內部會高呼「那人還真賊」或「只顧自己方便」吧？日本要實現這種文化還有段距離，既定的時間必須待在崗位上的公司占了多數。

原本許多職業就沒有明文規定該做什麼工作，難以界定要產出到什麼程度才算達成目標，所以會依照「總之先在時間內完成現有工作」的指示工作。

有時上司交代下來的工作很多，個人也沒有拒絕的權利，沒能在時間內做完，就要靠加班應付。

公司藉由上意下達發布命令，員工只需服從命令工作。因為「諸如此類」的迷思，才會不斷忍氣吞聲。

任誰都能把轉職當成王牌的時代

然而，目前為止本書再三談到，以忍氣吞聲為前提的工作型態已經逐漸崩解。忍氣吞聲工作早就不是天經地義，要說昨天的工作常識在今天看來像不可思議般也不為過。

變化的其中一個理由是勞動力人口的減少。

根據日本總務省《勞動力調查年報》和國家社會保障與人口問題研究所《日本未來人口預測》的模擬預估，勞動力人口（擁有勞動意願和勞動能力的十五歲以上人口）將從二〇二〇年的約六四〇〇萬人，減少到二〇五〇年的四九〇〇萬人。

用一句話形容，就是勞動力不足。

根據帝國資料銀行*發表的《針對勞動力短缺的企業動向調查》（二〇二〇年七月）指出，缺乏正式員工的企業占了百分之三〇．四。雖然受到新型冠狀病毒傳染擴大的影響，人員短缺的比例確實有所減少，但在建築、零售業、教育服務或其他行業中，則可看出人手不足的趨勢。

*日本最大的企業情報資料庫之一，提供企業最新資訊、行銷、客戶狀況和信用管理等資料。

長期來看，少子高齡化無疑會導致勞動力不足。

「與上司脾氣不合」是轉職理由的第一名，簡單來說就是因為公司或上司輕視部屬。即使稍微做出職權騷擾的行為也不以為意，反正對方不會辭職。只要員工不斷忍氣吞聲，職權騷擾就有可能一直持續下去。

然而，要是員工在職權騷擾的瞬間辭職，團隊就會瓦解。假如狀況像以前一樣，「隨時辭職都沒關係，取代你的人多得是」，上司就不痛不癢，但現在的狀況卻不同。

一旦團隊瓦解，企業就會追究上司身為主管的責任。所以，假如部屬握有轉職這項王牌，照理說上司在打交道時就會更小心。

這樣一來，上司和部屬的關係，公司和個人的關係就會逐漸對等。

公司與個人逐漸形成對等的關係

另外，今後日本以終身僱用制為中心的日式僱用制也正在崩解當中。

再重申一次，終身僱用制這項系統基本上是僱用員工直到退休，換來員工宣誓效忠公司。日本以儲備幹部的名義錄取應屆畢業生，透過轉調或異動讓他們體驗多種工作，當作長期培訓人才的方法。

「儲備幹部」的前提在於無論在什麼地方做什麼工作，基本上都要依循公司的方針。契約規定，只要人事命令一出，從下個月起就必須異動到別的縣市，你要是拒絕就只有解僱一途。

長期培訓人才，是避免員工提早離職的必要「機制」。所以會規畫出年資掛帥的薪酬制度，薪資一律配合年齡加給，退休時則可以領取高額的退休金。

只要照公司說的工作到退休，保證可以獲得豐厚的企業年金或退休金當作獎賞。

日式僱用制在高度成長期的日本的確發揮完善的功能。當時是只要做事就能變現的時代。確保能夠忍受艱困工作的勞動力直接關係到企業的成長，容易讓勞工對公司忠心耿耿的日式僱用系統才是合理的方法。

然而，日式僱用制挽留勞工的「獎賞」，現在正在逐漸縮減。許多企業不只研究是否該縮減和廢止企業年金，連退休金制度也朝減少的方向走。明明付出人生誓言效忠公司，契約期滿卻完全得不到回報。

這樣一來，勞工就沒有必要乖乖聽公司的話了。

「從下個月起麻煩你轉調到別的單位。」

「不要。」

「那就會因違反契約而解僱，到時你怎麼辦？」

「要解僱請便。反正就算做到退休年齡也沒好處，還不如去找不必轉調的工作。」

極端來說，這樣的對話將會成真。企業早已很難拿退休金或企業年金作為誘餌，以高高在上的角度束縛員工。

假如個人和公司能夠平等對話，職涯的決定權就會轉移到個人身上，形成員工獨立思考「自己想做什麼」的時代。

未來日本將會引進工作型僱用方式

預計將來日本工作型僱用方式會增加，取代以終身僱用制為中心的日式僱用制。

再重申一次，工作型僱用方式的僱用型態是要釐清職務，再招聘能夠執行職務的人才。方法就像招聘轉職者一樣，要鎖定業務職、會計職或其他職業再招聘。

工作型僱用方式在歐美企業很普遍，即使招聘畢業生也以這種方式為主流。日本的日立製作所和富士通也已經將這種做法引進到管理職中，預計也會引進到一般員工。

另外，報導指出，凱訊電信、資生堂和其他企業也預定要引進工作型僱用方式。

工作型僱用方式重視專業、不問年齡，徵求有能力的人。

日本的風潮是若沒離開基層工作成為主管，薪資就不會上漲，但在歐美社會，尤其是以北美為中心，即使五、六十幾歲還積極從事程式設計師的人也不罕見。即使年齡漸長也能以專家的身分延續職涯，獲得高額報酬。

希望各位要先明白，這種時代的變化將會大幅改變我們的工作型態和職涯常識。

再問一次，你要繼續「忍氣吞聲地工作」嗎？

以轉職為前提思考職涯的時代

我認為現在正處於「戀棧公司的個人」和「想要與公司發展對等關係的個人」並存的過渡期。

四十幾歲以上的中老年人，即使隱約察覺到日式僱用制的崩解，內心某處也往往會相信公司。與其辛辛苦苦轉職從頭做起，不如就這樣暫且逃避，試圖寄託於日式僱用制最後的恩澤。

然而，二、三十幾歲的人就沒辦法那麼樂觀了。他們要冷靜接受現實，思考以轉職為前提的職涯。

根據《邁那比（Mynavi）*轉職動向調查二〇二〇年版》，正式員工的離職率從二〇一六年的百分之三．七，成長為二〇一九年的百分之七．〇，尤其是二十到三十幾歲的年輕一代，經歷過轉職的人更是在增加當中。

以我個人實際的感覺來說，勞工個人的意識也在大幅變化。比如，我在 Yahoo 工作時，就對公司宣告「要是不讓我做行動通訊的工作就立刻辭職」。雖然像是半威脅，但我就是這樣持續做想做的工作。

並非只有我特立獨行，IT 領域會這樣工作的人很多。比如中型企業就實際存在類似「一人 IT 經理」的職位，由擔任者一手掌握資訊系統部門。

假如那個人辭職，公司內部的檔案伺服器就會全部停擺，站在公司立場也必須在某種程度上尊重那個人。

看看我以前在 Yahoo 工作時的部屬，也都在目前的環境中開心地工作，沒有忍氣吞聲。他們還告訴我，自己在新冠肺炎疫情期間改為在家工作，更加沒有壓力，工作起來超級舒服。

「優良公司」的標準會改變

假如公司和個人的關係變了，「優良公司」的條件當然也會變。比如，一間公司要是積極引進工作型態改革或多元化，追求員工的工作要更輕鬆，就可以預期被吸引的人將會增加。

現在是講究能夠活用IT工具提高多少產能的時代。以時間為本的勞務管理變得愈來愈落伍。

＊一家提供招聘、轉職、兼職、引薦等人力資源業務相關綜合資訊服務的公司。

工作型態改革也是在這樣的潮流之下出現的趨勢。

老實說，雖然以改革來說，日本還在初步的階段，不過對於強化「限制加班時間上限」、「同工同酬」和其他相關的法律，則應該給予中肯的評價。

今後要是推動工作型態改革，職務說明就會明確定義「做什麼樣的工作能夠拿到薪水」。照理說這麼一來，必定會加速轉型為工作型僱用方式，轉職也就變得容易了。

與此同時，情況也可能變得兩極化，既有優秀人才齊聚一堂的公司，也有無法阻止人才外流的公司。

特別值得考慮的是女性的轉職。以往因為生產或結婚而暫時中斷職涯，以不得已的形式改為非正規僱用的人，想必就會在認可彈性工作型態的公司工作。

比如可以邊育兒邊在家工作，或能以正式員工身分一星期上班三天的公司，顯然就是重視產出，業績也可能會成長。

公司要允許無須忍氣吞聲的工作型態才是「優良公司」，業績也才會高，這樣的常識逐漸成為定論。

主動打造職涯的重要關鍵

同時，個人的意識無疑也在大幅變化，就如本書多次重申的一樣，擁有「自行打造職涯」想法的人逐漸在增加。

主動建立職涯的重要關鍵在於學會多少所需的技能。要是今後加速引進AI，工作的方式也會大幅變化，勞工就不得不適應了。

部分日本公司預見終身僱用制的崩解，已經在改變員工教育的做法。以往企業通常會花時間和金錢教育剛畢業就進入公司的員工，培養戰力，尤其是大企業更是如此。

對員工來說，進入公司後的前三年，接受教育的同時，能提供給公司的價值不多，就像是邊拿錢邊上學。也可以說是一段被保證的超值獎勵時間。

然而，現在許多企業已經逐漸縮短新進員工培訓的時間。尤其是新冠肺炎疫情的影響，公司無力對新人實施豐厚的教育。將來，進入公司的二到三個月培訓結束後，立刻投入現場的方式想必會變得普遍。

學習就交給員工個人解決。豐厚的教育系統這項優點要是削弱，進入大企業的吸引力也會減少。

日本企業以年輕員工為中心進行教育投資的反面，就是對四十幾歲以後的員工教育很消極。結果導致中老年的員工有兩極化的傾向，要不是主動積極學習，要不就是完全不學習。

不學習的人往往仍以過去靠毅力克服的精神來管理。然而管理方法也快速進步中，尤其是美商公司更是如此。

這種企業會安排很多機會，學習與部屬對話的方式和其他實務溝通的訣竅，並且根據管理的科學研究舉辦研習。要與這樣的企業在全球競爭，果然還是需要接觸最新的資訊，持續學習。

照理說能夠時時不斷學習，獲取新能力的人，到了轉職去處也可以順利工作。

不需要強烈的個性

就算說要「強化個人能力」，讀者當中或許也有人認為那是部分強者的專利。

然而，必須擁有強烈的個性或非凡的成就才可以轉職其實是種誤解。

原本在團隊當中，只要有一個人擁有強烈的個性或非凡的成就就夠了。假如團隊全體成員都是個性強烈的人，團隊就無法運作。就和棒球隊中湊滿九個「王牌四棒」型的人也不一定會贏，是同樣的道理。

每個人都有適合自己的職務。有人專攻投手，就有人專攻捕手，還有人專攻內野手和外野手，就是因為彼此相輔相成，才可以拿出團隊該有的成果。

關鍵在於瞭解自己是屬於哪一種類型。

雖然許多人對我的評語是「擅長從無到有開發事業」、「屬於企業經營型」，但這和自我的認知截然不同。

說實話，我完全不擅於從無到有，而是擅長舉一反三。因為有自知之明，所以會特地和能夠想出古怪點子或創新發明的人合作共事。

就連求學時創辦的電腦隊公司也一樣，我發現自己的作用是將川邊健太郎（Z控股公司代表董事暨執行長）或田中祐介（Yahoo股份公司執行董事）這些擅長從無到有的人想出的點子商業化，到Yahoo 時也以同樣的職務經辦過許多專案。

總而言之，只要能在團隊當中找到自己的職務，任何人都有大展長才的餘地。

也不需要特殊的技能

工作追根究柢就是建立在需求和供給的關係上。

假如這時自己能夠發揮的能力和顧客的需求吻合，不管什麼工作都會成立，還可能會獲得金錢。

比如，現在到處都在說「賺錢的副業」。媒體介紹的都是光鮮亮麗的工作。

然而，我們完全不必把副業想得太誇張。

假日幫忙住在隔壁腰不好的老婆婆拔院子的草，一天差不多就可以拿到一萬日圓。

或者假如是擅長敦親睦鄰的人，只要巡訪附近老人家的住處，承包更換燈泡、代買東西，或是陪對方散步這些小工作，每個月就可能會獲得十萬日圓左右的收入。

沒有特殊技能就無法獲得報酬只是單純的迷思。

即使自己不太懂怎麼操縱機器，在公司被當成IT白痴，但光是教剛學會手機的老爺爺使用LINE，說不定也能賺到錢。工作終究建立在需求和供給之上，技能的高低是另一回事。

我不是要特別勸人從事主打高齡人士的副業，而是希望大家能彈性地看待工作。

以我的情況來說，現在擔任「經營者」的工作對社會影響最大，而且身為經營者就能獲得優渥的待遇。

另一方面，即使沒有經營者的待遇，教人滑雪或打鼓之類的也可以賺錢。假如對那份工作樂在其中，也就可以靠還過得去的收入開心地做下去了。

人的職業觀並非終其一生不變，反而像是鐘擺在搖晃。有時想要盡力工作，有時則想要徹底偷閒。這就是一般人的感覺，要怎麼在擺盪當中取得平衡，就是人生的課題了吧？

比如孩子還小時會減少工作量專心育兒，等到孩子在某個程度上無須費心照顧後，就會傾盡全力工作，能夠自行選擇這種工作型態才是理想的狀況。

尊重自己的感覺，同時在每個時刻做出最好的選擇，是健康和開心生活的祕訣。

本書閱讀到這裡，要不要轉職是個人的自由。

不過，我強烈期盼各位讀者能夠自己選擇，走上無悔的職涯。

第7章總結

・日本人獨有的「迷思」是忍氣吞聲工作的原因。第一個迷思是「工作既嚴峻又辛苦」，而另一個迷思則是勞動＝時間，也就是產出和時間成正比。

・然而，勞動人口的減少和終身僱用制的崩解，導致公司和個人形成對等的關係，以忍氣吞聲為前提的工作型態已經逐漸崩解。目前在這樣的環境中，正處於「戀棧公司的個人」和「想要與公司發展對等關係的個人」並存的過渡期。

・假如公司和個人的關係變了，「優良公司」的條件當然也會變。公司要允許無須忍氣吞聲的工作型態才是「優良公司」，業績也才會高，這樣的常識逐漸成為定論。

・同時，個人的意識也在大幅變化，擁有「自行打造職涯」想法的人逐漸增加。

・主動建立職涯的重要關鍵在於是否學會所需的技能。

・許多人往往以為「強化個人能力」是部分強者的專利，然而必須擁有強烈的個性或非凡的成就才可以轉職其實是誤解。只要能在團隊當中找到自己的職務，任何人都可以大展長才。

後記

樂觀思考轉職問題

目前為止，我已從各種角度漫談關於轉職的嶄新價值觀或觀念。在本書收尾之際，我要在最後再次強調樂觀思考轉職問題的重要性。

再重申一次，關於轉職，日本的課題在於付諸行動的門檻高乎尋常。而且門檻並非基於法律限制或罰則的物理門檻，而是存在於個人內心的心理門檻。

「明明沒有百分之百決定要轉職，隨便接受面試，不會對那間公司很失禮嗎？」

「追求更好的條件轉職，不就是背叛現在這間公司嗎？」

這種內疚的情感，除了詛咒之外什麼都不是。

「有公司才有自己」的價值觀，是高度經濟成長的時代塑造的集體幻想，至今仍有許多人為這個詛咒所困。

現在終身僱用制正在崩解，職涯的責任任憑個人處置。換句話說，就是沒有人會為自己的職涯負責。儘管如此，「轉職會內疚」的詛咒卻獨獨遺留下來，對個人來說實在太不公平。

我期待更多人能輕鬆轉職的時代來臨，只要不斷按滑鼠就可以達成轉職。

個人藉由踏入市場，即可獲得五花八門的回饋建議。回饋建議是身為職業人士成長時的寶貴資訊。

假如自己的做法適用於市場，就該積極挑戰新天地；而若發現不適用，則該努力磨練自己。

只要勞工認知到職務再設定目標，現職的工作型態也會改變。「要在複雜的辦公室政治中拍上司馬屁，出人頭地」，假如捨棄這種沒有生產力的努力，努力提高市場價值，照理說即使在現職上，也可以親自取得龐大的成果。

換句話說，只要轉職的門檻降低，日本各地整體的產能也就會因此提升。

轉職之後致力於有意義的工作，實現無須忍氣吞聲的工作型態，這種經驗將會形成龐大的自信。

體驗過這種成功之後，哪怕只有一次，對於下次轉職的不安或恐懼也會消失，還能擁有自信選擇自己的職涯。

另外，就算轉職失敗一次，只要有可靠的人際網絡，就可以輕鬆重獲工作。

從這個意義來說，我會建議各位盡量在三十幾歲以前體驗一次轉職。趁早經歷轉職，應該就可以體會「實際去做比想像得還容易」。

附帶一提，我不認為目前身為LinkedIn日本分公司負責人的工作是我的天職。

至今我仍然夢想著「果然自己最適合當航空公司的飛行員了吧」（其實我剛畢業時想要當飛行員，參加過日本航空（JAL）的徵才測驗）。操縱最新的《微軟模擬飛行》*時，忽然一瞬間就有這種感覺……

原本天職就是單純的幻想。或許每個時刻都可能變化，具有流動性。我們能做的就只有在有限的人生當中，選擇並致力於更能接受的工作。

我本人對於現職很滿意，偶爾也還想接受挑戰。不過，假如有更合適的職務或工作，也做好隨時投入的準備。至少自己會想要保持可

*一款能在微軟視窗作業系統操作的飛行模擬器遊戲。

能性的大門時時開放。

這次我首度挑戰撰寫第一本商管書。其實在二〇二〇年四月企畫開始時，日本正逢新型冠狀病毒影響，發布緊急事態宣言，沒有實際見過面的編輯發了一封 LinkedIn 訊息，就此展開合作。這正是本書說明的「建立人際網絡」喚來的機會，發揮綜效的結果就是這本書。

直到目前（二〇二〇年十二月）為止，即使在見面一次都很難的環境中，也很高興自己的想法能夠付諸實踐。書中的內容不只是自身的經驗，也要靠以往待過的所有公司、給我啟發或靈感的職場導師和朋友才得以完成。由衷感謝大家。

尤其是 SB Creative 的編輯水早將先生惠賜機會之後，就反覆透過遠距方式討論，宛如做黏土手工藝一樣建立架構。此外，有勞渡邊稔大先生將想法化為言語，客觀回顧的同時精煉文字。二十年來的業界前輩，在書籍方面拿出莫大成果的尾原和啓先生，從企劃階段就以職場導師身分提供建議。另外，長年擔任超級助理的金井由香里女士，於本書執筆之際提供許多協助。我想借這個地方向各位表達謝意。

希望你在工作的時候，也可以時時對於嶄新和更開心的工作型態敞開心胸。

衷心期盼你能走上傑出的職涯。

二〇二一年四月

LinkedIn 日本分公司負責人　村上臣

附錄 「標籤分類表」

以下是第 2 章「拆解 1 更新履歷表」（P.86）、
第 3 章「提升自己稀有性的標籤加乘法」（P.117）使用的標籤。
藉由釐清自己的標籤再互相加乘，
即可掌握和提升自己的「稀有價值＝市場價值」。

1 職務 相關的標籤	專案管理、商品開發、新事業開發、企業業務、客戶成功、生產管理、工程師、IT 顧問、商業分析師、系統分析師、軟體開發人員、程式設計師、系統管理、市場研究員、網路行銷員、促銷經理、產品經理、品牌經理、宣傳人員、投資人關係負責人、販售員、業務、證券分析師、會計人員、人事人員。
2 技能 相關的標籤	UX/UI 設計、英文、資料分析、程式設計、行銷技能、簿記、會計、Office 軟體、統計分析、通路行銷、產品行銷、公司治理、內部控制、財務、法律、寫作、影片製作、其他證照等。
3 行業 相關的標籤	IT、資訊通訊、顧問、運輸、製造、不動產、土木、建設、飲食、服務、金融、銀行、證券、保險、教育、零售、批發、醫療、照護、福利、媒體、食品、紡織及服裝、化學、鋼鐵、機械。
4 經驗 相關的標籤	駐外經歷、特殊客戶業務（例如醫藥行銷師）、經營及管理、領導、經理、新業務、既有業務、中小企業交易、B2B、B2C、新創企業、轉職、轉調、異動、晉升、其他與 1 或 2 相關的課題解決經驗。
5 職能 相關的標籤	溝通能力、誠實、遵守規則、禮儀、團隊合作、同理能力、毅力、創造能力、蒐集資訊、上進心、狀況掌握能力、客觀審視自己、企畫提案能力、獨立性、堅韌、壓力控制、靈活性、異文化瞭解程度、簡報能力、激勵（讓團隊有幹勁）、目標達成、問題分析、問題解決、改善思維、傾聽能力、獲利能力（擁有成本意識）、計畫能力、進度管理、人才培訓、指導、目標設定、人際網絡、策略制定、成就思維、影響力、領導力、追隨力、概念式思考、分析式思考、自信、組織承諾。

好想法 39

上班何須太委屈，轉職身價再晉級

LinkedIn日本負責人教你找出職能優勢標籤，成就理想的工作與人生

転職 2.0：日本人のキャリアの新・ルール

作　　者：村上臣
譯　　者：李友君
責任編輯：簡又婷
校　　對：簡又婷、林佳慧
封面設計：木木 Lin
內頁設計：廖健豪
寶鼎行銷顧問：劉邦寧

發 行 人：洪祺祥
副總經理：洪偉傑
副總編輯：林佳慧
法律顧問：建大法律事務所
財務顧問：高威會計師事務所
出　　版：日月文化出版股份有限公司
製　　作：寶鼎出版
地　　址：台北市信義路三段 151 號 8 樓
電　　話：（02）2708-5509　傳真：（02）2708-6157
客服信箱：service@heliopolis.com.tw
網　　址：www.heliopolis.com.tw
郵撥帳號：19716071 日月文化出版股份有限公司

總 經 銷：聯合發行股份有限公司
電　　話：（02）2917-8022　傳真：（02）2915-7212
印　　刷：禾耕彩色印刷事業股份有限公司
初　　版：2022 年 1 月
定　　價：350 元
ＩＳＢＮ：978-626-7089-00-2

國家圖書館出版品預行編目資料

上班何須太委屈，轉職身價再晉級：LinkedIn日本負責人教你找出職能優勢標籤，成就理想的工作與人生／村上臣著 ； 李友君譯 . -- 初版 . -- 臺北市：日月文化出版股份有限公司， 2022.01
312 面 ; 14.7×21 公分 . --（好想法 ; 39）
ISBN 978-626-7089-00-2（平裝）

1. 職場成功法 2. 生涯規劃

494.35　　110019589

日月文化集團
HELIOPOLIS
CULTURE GROUP
客服專線 02-2708-5509
客服傳真 02-2708-6157
客服信箱 service@heliopolis.com.tw

廣 告 回 函
台灣北區郵政管理局登記證
北台字第 000370 號
免 貼 郵 票

日月文化集團 讀者服務部 收

10658 台北市信義路三段151號8樓

對折黏貼後，即可直接郵寄

日月文化網址：**www.heliopolis.com.tw**

最新消息、活動，請參考 FB 粉絲團

大量訂購，另有折扣優惠，請洽客服中心（詳見本頁上方所示連絡方式）。

大好書屋　寶鼎出版　山岳文化

EZ TALK　EZ Japan　EZ Korea

日月文化集團
HELIOPOLIS
CULTURE GROUP

感謝您購買 上班何須太委屈，轉職身價再晉級
LinkedIn日本負責人教你找出職能優勢標籤，成就理想的工作與人生

為提供完整服務與快速資訊，請詳細填寫以下資料，傳真至02-2708-6157或免貼郵票寄回，我們將不定期提供您最新資訊及最新優惠。

1. 姓名：＿＿＿＿＿＿＿＿ 性別：□男 □女
2. 生日：＿＿＿年＿＿＿月＿＿＿日 職業：
3. 電話：（請務必填寫一種聯絡方式）
 （日）＿＿＿＿＿（夜）＿＿＿＿＿（手機）＿＿＿＿＿
4. 地址：□□□＿＿＿＿＿＿＿＿
5. 電子信箱：＿＿＿＿＿＿＿＿
6. 您從何處購買此書？□＿＿＿＿＿縣/市＿＿＿＿＿書店/量販超商
 □＿＿＿＿＿網路書店 □書展 □郵購 □其他
7. 您何時購買此書？ 年 月 日
8. 您購買此書的原因：（可複選）
 □對書的主題有興趣 □作者 □出版社 □工作所需 □生活所需
 □資訊豐富 □價格合理（若不合理，您覺得合理價格應為＿＿＿＿＿）
 □封面/版面編排 □其他＿＿＿＿＿
9. 您從何處得知這本書的消息： □書店 □網路／電子報 □量販超商 □報紙
 □雜誌 □廣播 □電視 □他人推薦 □其他
10. 您對本書的評價：（1.非常滿意 2.滿意 3.普通 4.不滿意 5.非常不滿意）
 書名＿＿＿ 內容＿＿＿ 封面設計＿＿＿ 版面編排＿＿＿ 文/譯筆＿＿＿
11. 您通常以何種方式購書？□書店 □網路 □傳真訂購 □郵政劃撥 □其他
12. 您最喜歡在何處買書？
 □＿＿＿＿＿縣/市＿＿＿＿＿書店/量販超商 □網路書店
13. 您希望我們未來出版何種主題的書？＿＿＿＿＿
14. 您認為本書還須改進的地方？提供我們的建議？

好想法 相信知識的力量

the power of knowledge

寶鼎出版

好想法 相信知識的力量

the power of knowledge

寶鼎出版